L'avenir c'est la 5G !

L'avenir c'est la 5G !

Préface de **Guillaume Pepy**
Président d'Initiative France

Stéphane Richard, Orange
Ana Giros, Equans
Dominique Mockly, Teréga
Marc Laidet, FHP Psychiatrie
Nicolas Rousselet, Groupe Rousselet
Christian Bombrun, Groupe MTN
Minggang Zhang, Huawei France

L'avenir, c'est la 5G !

SOMMAIRE

PRÉFACE

La 5G, c'est l'avenir !

Guillaume Pepy, Président d'Initiative France

La 2G, 3G, 4G, 5G ? D'habitude, on n'en parlerait même pas ! Sauf lorsque l'ancienne génération devient tout à coup dépassée... Présentée comme une nouvelle ère, autorisant tous les rêves, plus puissante, plus rapide, plus fiable, la 5G, elle, fait parler d'elle ! Il faut dire que plusieurs polémiques sont apparues en France au moment de son déploiement. Il est pourtant plus que temps d'investir plus avant dans cette technologie décisive pour la révolution industrielle 4.0, comme les différents chapitres de ce livre en témoignent. Veut-on, en France, gagner ou perdre cette bataille de plus en plus concurrentielle de l'industrie de demain ?

Tout commence par une technologie qui promet tout : un débit 20 fois supérieur, une transmission sans latence, permettant de prioriser les usages. Une vraie rupture ! Elle est très vite perçue comme telle tant par les opérateurs – comme celui qui témoigne ici, Stéphane Richard, le pionnier qui a « importé » la 5G en France – que par trois industriels : Huawei, Nokia et Ericsson. L'adoption populaire est immédiate pour télécharger, faire du streaming, échanger en visio ou encore jouer en ligne... C'est le premier âge de la 5G, et c'est une nette réussite en trois années seulement. Mais l'usage professionnel était, de fait, le plus attendu pour justifier l'investissement et les espoirs autour de ce saut technologique. On allait voir dans la production, le commerce, les services et l'économie toute entière des innovations de rupture déterminantes – comme ceux de l'usine connectée, automatisée, pilotée à distance. Un gain énorme, bien supérieur à celui de la fibre depuis vingt ans...

Mais cela ne s'est pas produit. Ou plutôt pas encore. Pourquoi ? Et comment rattraper ce retard maintenant ? C'est tout le but ce livre, qui explore les potentialités sous-estimées de la 5G. La France cultive de longue date une forme de méfiance instinctive vis-à-vis des ruptures technologiques – alors même qu'elle est un pays d'ingénieur talentueux. Il faut dire que trois grands débats ont jusqu'ici retardé le déploiement et l'intégration de la 5G dans notre société. Le débat sanitaire, nécessaire, a mis du temps à être tranché par des études faisant autorité. L'ANSES, l'agence nationale de la sécurité sanitaire, a établi à partir de l'état actuel de la recherche l'absence d'effets nocifs de la 5G sur la santé. Le fait que certaines villes aient voulu limiter l'émission de certaines ondes a toutefois contribué au trouble sur cette technologie.

Le débat industriel est, lui, rémanent. Aucun équipementier français n'est encore en mesure de produire les infrastructures sous-jacentes aux réseaux 5G. Cette technologie est aujourd'hui mondiale et les questions de souveraineté, qui ont notamment concerné la Chine, sont venues retarder son intégration. La loi dite « anti-Huawei » de 2019 a finalement restreint l'usage de certains équipements sans les interdire. Et Huawei assure aujourd'hui la fourniture d'une bonne partie des services 5G de nos réseaux de télécommunication.

Le troisième débat, le plus délicat, est celui de la cybersécurité lié à l'usage de la 5G. Et si les protections étaient insuffisantes pour écarter le risque d'attaques malveillantes, de terrorisme, de paralysie de services vitaux comme l'eau, le système de santé ou les transports ? Lorsqu'on parle de train connecté, de signalisation 5G, de maintenance d'équipements, les garanties de cybersécurité détermineront l'avenir. C'est ce dernier enjeu qui reste à mon sens l'enjeu central de la 5G. Sa réponse commande et commandera l'avenir de ses usages porteurs d'espoir dans l'industrie, la santé, l'agriculture, la ville intelligente et même la lutte contre le changement climatique.

Car le potentiel immense de la 5G est celui d'une technologie habilitante, d'une brique horizontale qui permettra l'éclosion d'innovations de rupture dans tous les domaines. Ce n'est pas seulement un sujet de métavers ! La 5G permet la gestion à distance et automatisée d'usines robotisées, elle améliore la sécurité routière et sauve des vies grâce aux chaussées connectées, elle autorise l'essor de la télémaintenance et de l'hypervision, elle ouvre la voie aux jumeaux numériques ou encore aux usages industriels de la réalité augmentée. Les différents chapitres de ce livre le démontrent, c'est une technologie qui débloquera de nombreux usages, suscitera des grappes entières d'innovation, permettra de changer l'échelle de l'Internet des Objets, bref qui permettra d'inventer une part déterminante de l'avenir de nos sociétés.

Sans naïveté ni béatitude, en plaçant son déploiement sous le regard des exigences de santé publique, des régulateurs et des précautions de sécurité, les conditions semblent désormais réunies pour passer à la vitesse supérieure sur la 5G. L'Etat s'est engagé en faveur de ses applications industrielles, qui font l'objet d'une stratégie dédiée au sein du plan France 2030. Les différentes autorités de régulation – ARCEP, ANSSI, ANSES – ont de leur côté défini un cadre pour son développement. Maintenant, aux industriels de se lancer !

Plus qu'une simple nouvelle génération de télécoms, la 5G doit être vue comme une formidable boîte à outils dont tous les secteurs et tous les clusters d'innovation doivent se saisir. Il est grand temps. Nous devons nous engager et gagner cette bataille de la transformation 4.0 de nos industries, de nos villes et de tous nos services. Bref, permettre à la France d'entrer dans ce nouveau monde ultra-connecté comme nous l'avons fait – avec une extraordinaire rapidité – pour la fibre dans tous les territoires. La 5G, c'est un peu la fibre dans la poche ! Il faut se lancer. Maintenant !

1

La 5G, un réseau télécom pas comme les autres

Stéphane Richard, ex-PDG d'Orange

À la fin du XVIIIe siècle, l'invention du télégraphe manuel par Chappe donnait un net avantage stratégique à la France en lui permettant de transférer des informations, notamment militaires, en quelques heures contre plusieurs jours auparavant. Mais cette précieuse avance fut vite perdue avec l'invention du télégraphe électronique en Angleterre puis aux Etats-Unis à la fin des années 1830 – avec la réussite qu'on lui connaît depuis. Cette anecdote nous rappelle tout à la fois l'importance des réseaux de communication et la nécessité de les adapter aux nouvelles technologies. Près de deux cents ans après, les atermoiements sur le déploiement de la 5G ne doivent pas nous conduire à passer à côté des nombreuses innovations de rupture qu'elle permettra dans des secteurs aussi cruciaux que l'industrie, l'énergie ou encore l'agriculture.

La 5G correspond ainsi à une génération de réseau de télécommunications à la fois en continuité et en rupture avec les réseaux précédents. En continuité d'abord, dans la mesure où la 5G se trouve dans la continuité des réseaux de téléphonie sans fil inventés dans les années 1950 aux Etats-Unis, généralisés avec les cellulaires dits « de première génération » (1G) dans les années 1980, et améliorés dans les années 1990-2000 lorsque les réseaux 2G et 3G ont ouvert la voie au transfert de données. Plus récemment, le passage à la 4G s'est accompagné du développement de terminaux embarquant des puces de plus en plus performantes ; avec l'avènement des smartphones, les applications se sont multipliées au point que les mobiles concurrencent désormais téléphones fixes, télévisions et même ordinateurs. La 5G apparaît à cet égard comme une amélioration des réseaux existants afin d'éviter leur probable saturation d'ici quelques années.

Mais la 5G représente également une rupture avec les générations précédentes de télécommunications. L'essor de nouveaux cas d'usage liés à l'Internet des objets (IoT) et à d'autres briques technologiques émergentes (Cloud, intelligence artificielle, robotique) a rendu nécessaire le développement d'un réseau conçu dès sa conception – les anglo-saxons diraient *by design* – pour ces applications inédites. La 5G, en ce sens, ne se bornera pas à augmenter les caractéristiques de la 4G mais promet des propriétés cruciales pour l'ensemble de l'écosystème numérique à venir.

Les promesses de la 5G : simple amélioration ou saut connectique ?

Alors que les premières infrastructures 5G ont d'ores et déjà commencé à se déployer en France, certains pourraient observer que la révolution promise n'a pas eu lieu. Il faut pourtant bien comprendre que les apports de la 5G sont de deux ordres. Les premiers réseaux 5G déployés offrent des performances certes amplifiées mais qui restent dans la continuité de ce qu'offre aujourd'hui la 4G. La véritable rupture n'arrivera qu'avec une seconde génération de 5G, dite «Stand Alone», qui offrira demain des propriétés ouvrant la voie à des cas d'usages inédits.

Une continuité avec les réseaux actuels : le Enhanced Mobile Broadband

Les promesses de la 5G sont donc tout d'abord de nature capacitaire. Avec l'explosion de la volumétrie de données liées au développement des *smartphones*, il devient indispensable de se doter d'infrastructures plus performantes : la 4G fut un succès mais le prix de son utilisation exponentielle est la saturation du réseau. La 5G apparait comme la solution à cette dégradation à prévoir de l'offre de service en offrant un débit maximal entre 10 et 20 fois supérieur aux limites actuelles. La densité maximale de connexions sera multipliée par 10 et la latence divisée par au moins 10, passant d'environ 35 ms en moyenne à près d'1 ms.

Ces nouvelles capacités ouvrent la voie à des usages parfois contestés, tels que le crédit social ou *gaming* en réalité virtuelle, mais il faut d'abord y voir une garantie de l'offre de service que l'on connaît actuellement sur la 4G. C'est le cas pour des pays comme la France ou la Pologne qui ont fait le choix de développer les réseaux câblés via la fibre optique et a fortiori dans ceux dans lesquels la 5G est vue comme une alternative à cette dernière. Cette «5G fixe» sert à une utilisation type très haut débit à la maison qui remplace dès lors une box Wi-Fi. C'est notamment le cas des Etats-Unis, qui ont massivement déployé la 5G afin d'assurer une plus grande connectivité tout en s'épargnant de coûteux investissements dans la fibre.

Cette première famille d'applications de la 5G, qui correspond à l'évolution de la plupart des services proposés par les réseaux 4G, est ce qu'on appelle le *Enhanced Mobile Broadband* (eMBB). Elle renvoie aux applications et services qui nécessitent une connexion toujours plus rapide, par exemple pour la vidéo ultra haute définition (8K) et la réalité augmentée. Du point de vue des usages, cette première 5G sera donc en continuité avec les réseaux préexistants. Les premiers bénéficiaires en seront essentiellement les consommateurs grand public, via de la vidéo ou du *gaming* en mobilité plus fluide et de meilleure qualité.

Un « enabler » pour d'autres technologies de rupture : les usages mMTC et uRLLC

L'apport critique de la 5G réside néanmoins dans des propriétés dont ne disposent pas les réseaux 4G actuels. Elles visent généralement deux autres familles d'usages, complémentaires de l'eMBB : la mMTC et la uRLLC.

Les applications relevant des mMTC, pour *Massive Machine Type Communications*, relèvent principalement des usages liés à l'Internet des objets (IoT) et nécessitent une couverture étendue, une consommation énergétique maîtrisée mais admettent des débits restreints. Il s'agit de pouvoir garantir la connectivité d'une grande densité d'objets, notamment dans le secteur industriel où l'essor d'usines robotisées implique de pouvoir gérer la connexion simultanée de milliers de capteurs.

Quant aux usages uRLLC, ou *Ultra-reliable and Low Latency Communications*, ils désignent toutes les applications nécessitant une réactivité extrêmement haute ainsi qu'une fiabilité très élevée en termes de transmission, sans viser l'optimisation énergétique par exemple. On pense à la chirurgie à distance, qui implique une latence quasi-inexistante pour garantir la précision des gestes du médecin reproduits par des bras robotisés dans un bloc opératoire connecté.

Une propriété critique : le network slicing

Une fois pleinement déployée, la technologie 5G pourra fournir un réseau extrêmement fiable, bénéficiant de performances plus élevées en termes de bande passante et plus homogènes à travers le territoire ; une connexion plus stable, même en mobilité grâce à des vitesses de l'ordre de 500 km/h ; et une efficacité énergétique bien supérieure à celle d'aujourd'hui, avec des batteries jusqu'à 100 fois moins énergivores qu'actuellement.

Mais toutes ces caractéristiques ne pourront être atteintes en même temps. Débit, latence, portée : ce sont trois paramètres que la 5G pourra par exemple amplifier mais sans être en mesure de les maximiser tous simultanément. En d'autres termes, des choix devront être faits pour définir des classes d'usages bénéficiant chacune d'une configuration technique particulière, ce que l'Arcep appelle une « enveloppe de performances ». C'est le principe du *network slicing* : chaque « tranche » du réseau correspond à un type d'usage ciblé et maximise les performances les plus appropriés pour celui-ci. Par exemple, les cas d'usage type eMBB nécessitant un ultra haut débit, comme la vidéo HD ou la réalité augmentée, pourront bénéficier d'une optimisation des paramètres d'efficacité spectrale et de débit maximal tout en admettant de moindres performances en matière de latence ou de densité de connexions simultanées. A contrario, la recherche de communications ultra fiables et sans latence (uRLLC) pourra se traduire par une réduction, sur cette « tranche » du réseau, de paramètres comme le nombre de communications simultanées ou encore le débit.

En clair, un réseau 5G peut s'adapter à l'usage que l'on en fait. C'est cette aptitude à la modularité permise par le *network slicing* qui permettra de tendre, dans chacune des familles applicatives évoquées – eMBB, mMTC, uRLLC – vers des performances impossibles à atteindre avec les technologies actuelles. Aspect le plus disruptif de la 5G, le *network slicing* ne sera toutefois opérationnel que dans plusieurs années, avec la mise sur le marché de la 5G Stand Alone encore en gestation.

De la 4G à la 5G Stand Alone : une technologie en cours de déploiement

Si les promesses de la 5G sont bien identifiées, moins connues sont les moyens par lesquels on compte y parvenir. La 5G repose en effet sur plusieurs technologies devant d'abord faire l'objet d'une normalisation avant d'être mise sur le marché. Son déploiement se fait ainsi de manière progressive, au rythme des « release » des institutions internationales chargées du travail de standardisation – l'UIT et le 3GPP – et des autorisations de l'Arcep, l'autorité de régulation des télécommunications en France.

Les normes 5G NR, une première brique ouvrant la voie à la 5G NSA

La 5G aujourd'hui déployée correspond à la première génération de réseaux 5G, dite « Non Stand Alone » (NSA) dans la mesure où elle s'adosse au réseau 4G-LTE existant. Concrètement, le processus de normalisation 5G a couvert une partie des infrastructures 5G sous l'étiquette « New Radio » (ou 5G NR) à partir de 2016, à l'initiative du 3GPP, l'organisme chargé de certifier les normes des technologies de télécommunications mobile. La « release 15 », publiée en 2018, était la première à introduire la technologie 5G et se focalisait sur les applications type « eMBB » visant une augmentation du débit et de la capacité des réseaux, priorité des opérateurs mobiles qui ont pu l'exploiter grâce aux premiers équipements déployés en 2018.

La release 16, publiée en 2020, concerne plutôt les industriels car davantage focalisée sur les nouveaux marchés de la 5G comme les applications à faible latence et haute fiabilité (uRLLC), la voiture autonome (V2X) ou encore l'Internet des objets (mMTC). Autant de normes ouvrant la voie à une seconde génération de réseaux 5G, de loin la plus disruptive.

La 5G Stand Alone, une révolution encore à venir

La Release 15 a posé les normes et standards pour de nombreuses technologies sous-tendant la 5G, en particulier la forme d'ondes New Radio, sous deux configurations distincte : la 5G NSA, que l'on connaît déjà depuis 2021 bien qu'elle reste encore en phase de déploiement, et la 5G SA, encore en phase d'expérimentation.

La particularité majeure de la 5G SA tiendra à son utilisation des « bandes millimétriques », actuellement exploitées sur des usages très ciblés comme dans le domaine militaire ou satellitaire. Aujourd'hui, la 5G transite essentiellement par la bande 3400-3800 MHz, rapidement identifiée en Europe comme la bande « coeur 5G » dans la mesure où elle offrait un bon ratio couverture/débit. Il faut toutefois attendre que les pouvoirs publics autorisent l'exploitation de fréquences supérieures à 6 GHz pour que la 5G dévoile toutes ses potentialités. Encore jamais exploitées à grande échelle, ces bandes millimétriques permettront des débits extrêmement importants mais dans des zones restreintes du fait de leur grande longueur d'ondes. Leur contrepartie sera donc le recours à une nouvelle génération d'équipements adaptés, plus petits et plus sobres en énergie, compatibles avec les nouveaux terminaux également, comme des antennes « small cells » plus nombreuses en raison de la faible qualité de propagation des ondes millimétriques. C'est l'un des principaux enjeux du déploiement de la 5G SA en France.

Les défis du déploiement de la 5G en France

Le déploiement de la 5G en France a suivi le même chemin que les précédentes générations de téléphonie mobile. Les fréquences hertziennes appartenant au domaine public[1], les opérateurs souhaitant les exploiter doivent en obtenir l'autorisation auprès de l'ANFR, l'agence nationale des fréquences radio. Elles sont mises aux enchères et assorties d'obligations

1. Le domaine public aérien se compose de l'espace atmosphérique et de l'espace hertzien, dont il appartient à l'Etat de répartir les fréquences en tant que mode d'occupation du domaine public (Conseil constitutionnel, 2000, *Loi de finances pour 2001*).

de déploiement exposant les propriétaires de licence à des sanctions en cas, par exemple, de non-respect du calendrier d'exploitation.

En raison de la complexité de cette procédure, notamment des règles d'enchères, l'attribution des nouvelles fréquences dédiées à la 5G a toutefois pu prendre plus de temps que dans d'autres pays. Orange a ainsi équipé l'Espagne et la Roumanie avant de commencer à équiper la France. Mais ce retard de déploiement tient aussi à des facteurs exogènes aux contraintes règlementaires. Si les acteurs économiques ont rapidement adhéré aux perspectives ouvertes par la 5G, la société civile a légitimement soulevé des questions d'opportunité écologique et de risques sanitaires dans le débat public. Durant la campagne municipale de 2020, certains maires voulaient même interdire la 5G sur le territoire de leur commune. C'était sans compter la compétence spéciale de l'Etat en la matière, dont la prééminence sur les pouvoirs de police générale du maire a clairement été consacrée par les juridictions administratives[2]. Depuis, la situation s'est débloquée un peu partout, de Lille à Grenoble, sans contentieux majeur et souvent sous la pression des entreprises locales qui réclamaient son déploiement. Quant aux enjeux sanitaires, les études de l'ANSES concluent à l'absence de risque lorsque les normes d'exposition sont respectées. Des études restent en cours s'agissant des bandes millimétriques, déjà déployées sur des zones toutefois restreintes.

Bon gré mal gré, le déploiement de la 5G avance donc en France. Plusieurs fréquences dans la bande des 3,5 GHz ont

2. Ainsi que l'a jugé le Conseil d'Etat dans sa décision du 26 octobre 2011, *Commune de Saint-Denis.*

ainsi été vendues aux enchères (90 MHz pour Orange, 80 MHz pour SFR et 70 MHz pour Bouygues Telecom et Free). En plus de ces bandes dédiées 5G, les opérateurs peuvent basculer en 5G les fréquences qu'ils utilisent déjà pour la 4G – comme la bande 700 MHz. Ces progrès ont permis d'avancer assez vite sur la couverture de la population, via le déploiement ciblé sur les zones densément peuplées, mais pas sur celle de l'ensemble du territoire pour laquelle la France accuse un net retard comparé à des pays comme la Belgique. Enfin, dans les années à venir, la bande de fréquences 26 GHz devrait être attribuée à la 5G et pourra ainsi débloquer les propriétés millimétriques.

Le passage à la 5G Stand Alone supposera toutefois de nouvelles infrastructures, cette fois bien distinctes des actuelles antennes 4G. Cela impliquera de multiplier les réseaux d'antennes, fut-ce sur les toits s'agissant de villes denses comme Paris, dans la mesure où les propriétés des fréquences millimétriques ont pour corollaire une moindre distance de propagation. D'ores et déjà se mettent en place des réseaux 5G privés, déployés le plus souvent sur des sites industriels. Il faut saluer à cet égard la volonté des pouvoirs publics de faciliter l'accès aux fréquences 5G en baissant substantiellement les redevances pour des sites industriels de petites et moyennes tailles, comme annoncé par le ministre délégué à la transition numérique Jean-Noël Barrot fin 2022. L'un des enjeux sera d'assurer la bonne articulation entre ces différents réseaux, qui ont pour particularité d'être portés par des acteurs n'étant parfois pas des opérateurs historiques des télécoms. C'est un débat important en Allemagne, où l'on a attribué des fréquences à plusieurs acteurs non-spécialistes. En France, les tensions se sont moins cristallisées sur cette question – le choix a été fait de n'autoriser que les opérateurs déclarés auprès de l'Arcep –

que sur celle de la sécurité apportée par l'équipementier. En 2019, le législateur puis l'ANSSI ont ainsi posé un cadre d'autorisation assez strict pour les quelques acteurs qui se partagent le marché que sont Huawei, Nokia et Ericsson.

De nouveaux enjeux pour le secteur des télécoms ?

Du point de vue du secteur des télécoms, la 5G soulève donc à la fois des enjeux classiques et inédits. Classiques dans la mesure où la concurrence pour l'attribution des futures bandes ne sera qu'une bataille de plus de la longue guerre des fréquences, et ce malgré l'irruption d'acteurs ne faisant pas partie des opérateurs historiques. Inédits dans le même temps car la question géopolitique s'est invitée au coeur des débats autour de cette technologie, avec un bloc occidental mené par les Etats-Unis qui a fortement restreint l'accès aux marchés 5G vis-à-vis des acteurs chinois – c'est le cas en Australie, au Japon, et dans beaucoup de pays européens.

Enjeux inédits également du point de vue de la culture historique des télécoms. La grande fonctionnalité de la 5G, le *network slicing*, entre en directe collision avec le principe de neutralité de l'Internet qui fait pourtant largement consensus en Europe. L'un des chantiers à engager sera donc celui, de nature plus juridique, ou politique voire sociétale, de l'articulation entre 5G et neutralité du web. À titre personnel, je crois que le *slicing* est bel et bien une entorse à ce principe – mais c'est une entorse justifiée par des considérations d'intérêt public. On pourrait sortir de ce faux dilemme en définissant un standard minimum de service pour les usages les plus courants et, dans le même temps, certaines priorités arrêtées par les pouvoirs publics à partir de considérations d'intérêt général. Encore faut-il que le débat public fasse place à ces questions qui doivent être posées en toute transparence. Espérons à tout le moins que ce livre y contribue en démontrant, domaine par domaine, en quoi la 5G apportera-t-elle une brique technologique essentielle aux enjeux de demain.

L'avenir, c'est la 5G !

Retrouvez les points forts du chapitre
« La 5G, un réseau télécom pas comme les autres »
de Stéphane Richard
en scannant ce QR Code :

2

La 5G, une brique structurante pour imaginer l'industrie de demain

Ana Giros, Directrice Générale Adjointe d'Equans
chargée de la Stratégie, du Développement et de la RSE

L'imaginaire collectif associé à l'industrie est à première vue encore éloigné des nouvelles technologies, et pourtant depuis l'usine des *Temps modernes de Charlie Chaplin* en 1936 aux zones industrielles 4.0 d'aujourd'hui beaucoup de changements sont intervenus. La pénibilité du travail a changé, les machines-outils se sont développées et des sites de production robotisés, modulaires et connectés sont en croissance dans des secteurs industriels allant de l'automobile à l'agroalimentaire.

Le déploiement de la 5G va accélérer ce changement de paradigme vers une industrie 4.0, loin des « vieilles usines » fonctionnant au charbon. L'apparition de chaines de production connectées, intelligentes et adaptatives, qui optimisent leur consommation de ressources et leur impact environnemental, ouvre de grandes perspectives à la condition d'avoir les infrastructures de réseaux sous-jacentes. La 5G sera un des catalyseur de toutes ces évolutions, l'infrastructure déverrouillera les potentialités d'autres technologies d'ores et déjà cruciales pour l'industrie comme l'internet des objets et l'intelligence artificielle. Dans une économie concurrentielle, les gagnants seront ceux qui parviendront à tirer parti de ces innovations permises par la 5G.

La 5G, un catalyseur pour une industrie confrontée à de multiples transitions

Le monde de l'industrie fait face à de multiples transitions remettant en question un grand nombre de ses fondements. Transition digitale tout d'abord, depuis une dizaine d'années, avec un mouvement sans retour possible vers la numérisation. L'explosion des données (big data) et l'augmentation exponentielle des capacités de calcul (loi de Moore), couplées à l'automatisme, la robotique et à l'intelligence artificielle, ont ainsi ouvert la voie à de nouvelles applications dans l'industrie. Transition énergétique ensuite, avec la nécessité récemment éprouvée d'aller vers des modèles plus décentralisés et bas carbone. Transition environnementale et sociale enfin, avec le développement d'une économie plus circulaire et à impact global positif, et les enjeux autour de la pénibilité du travail. Toutes ces tendances de fond impactent chaque maillon de la chaine industrielle et façonnent l'industrie de demain.

L'arrivée de la 5G est disruptive précisément car elle se trouve à la croisée de ces différentes transitions. Cette nouvelle génération de connectivité permettra de catalyser les transformations qu'elles requièrent plus efficacement, plus vite et à plus grande échelle. Elle simplifiera les réseaux sans-fil, qui nécessitent aujourd'hui de créer des maillages de bornes Wi-Fi sur un site industriel. Demain via l'installation d'une simple antenne 5G nous pourrons avoir la même couverture pour un débit bien supérieur. Les réseaux 5G permettent en effet un débit jusqu'à 20 fois supérieur à celui de la 4G, une transmission de données avec une latence quasi-inexistante et une fiabilité de transmission équivalente aux réseaux câblés. Grâce à ces propriétés, la 5G permettra une communication en temps réel entre les différentes interfaces machine-homme et machine-machine, rendra déployable la robotique de pointe sur des chaines de production automatisées, et permettra d'exploiter tout le potentiel des capteurs connectés sur les réseaux d'énergie, d'eaux et de déchets. Enfin, elle débloquera les potentialités de l'IoT (Internet des Objets), pièce centrale des nouveaux modèles de l'industrie 4.0.

Un nouveau paradigme pour l'industrie du XXIe siècle

Ces dernières années, force est de constater la prise de conscience collective des fragilités de nos écosystèmes : la faible résilience causée par l'allongement des chaînes de valeur à travers le monde et révélée dans un « Cygne noir » (N. Taleb) comme la pandémie de Covid-19, tandis que la crise énergétique a souligné la dépendance de notre industrie aux équilibres géopolitiques qui assurent l'approvisionnement en matières premières. C'est pourquoi les systèmes industriels, principalement tournés vers la performance et la productivité, doivent évoluer vers des modèles plus résilients et plus durables.

Aujourd'hui et *a fortiori* demain, la perturbation des routes logistiques, la pénurie de matières premières, l'extinction de certaines ressources naturelles, la hausse du coût de l'énergie ou encore les nombreux risques climatiques sont autant d'éléments qui devront être internalisés dans un modèle industriel plus résilient. Celui-ci devra rapprocher les systèmes de production de la demande, créer des chaines logistiques plus courtes et s'appuyer sur la réindustrialisation des territoires. Améliorer la résilience de nos modèles industriels passe également par une meilleure performance énergétique et environnementale en équilibre avec les contraintes d'efficacité productive.

Dans ce contexte, je suis convaincue que la 5G apparaît comme un levier cœur pour développer l'usine du futur. Car celle-ci ne va pas changer uniquement d'apparence : c'est sa conception et son organisation qui sont bouleversés par l'arrivée des nouvelles technologies, robots, chaines de productions intelligentes, maquettes numériques, jumeaux numériques ou encore hypervision en temps réel. Tous ces nouveaux processus participant de la transition digitale de l'industrie permettront d'optimiser les installations et les process, d'anticiper des évènements imprévus et de gérer au mieux les contraintes. Des réseaux connectés plus performants aideront l'industrie a apporter une réponse plus holistique et plus agile aux incertitudes et à la résilience nécessaire auxquels sont soumis l'ensemble des secteurs.

Par exemple, le développement des modèles de jumeaux numériques permettra ainsi de recréer des maquettes digitales des usines et des procédés industriels afin de transformer ou de transférer des lignes de production dans des plus courts délais. Pour accompagner la mise en place de stratégies de *on-shoring* afin de rapprocher les chaines d'approvisionnement, nous répondrons mieux aux besoins d'agilité et de flexibilité productive de l'économie de demain. Les maquettes numériques type BIM se généralisent d'ores et déjà car elles permettent de concevoir et gérer de façon optimisée la vie des assets industriels, mais elles sont aussi source de volumétrie exponentielle de données additionnelles à gérer et partager. La 5G sera donc structurante dans des nouveaux systèmes exploitant massivement les insights de la donnée. De même, un des développements crucial de l'industrie 4.0 est l'essor de l'automation et la robotique, qui tendent à remplacer des métiers à forte pénibilité par des opérateurs apportant une plus forte valeur ajoutée dans la supervision d'équipement, la maintenance et la surveillance de la chaîne de production. Pour toutes ces nouvelles activités, une infrastructure à l'état de l'art sera absolument nécessaire afin d'assurer une transition vers ces nouveaux systèmes de production. La profusion de données issue des progrès de la robotique, des capteurs de l'usine connectée et des écosystèmes (clients, fournisseurs, environnement) peuvent demain permettre de s'appuyer sur des réseaux d'hypervision capables de traiter l'information de manière plus rapide et plus performante. Mais de telles technologies supposent une connectique plus performante que la 4G actuelle, qui ne pourra passer que par une nouvelle infrastructure.

La 5G, condition sine qua none de l'industrie 4.0

L'arrivée de la 5G permettra de déployer à grande échelle des nouveaux modèles dans l'industrie à travers plusieurs propriétés génériques. La 5G offre tout d'abord une connectivité ultra-rapide garantissant des communications en temps réel entre les machines et les personnes. Cette connectivité est essentielle pour l'industrie manufacturière, où des machines et des robots doivent communiquer entre eux pour effectuer des tâches complexes en toute sécurité et sans amoindrir leur efficacité. Ces capacités de communication améliorées telles qu'une très faible latence et une plus grande bande passante sont capitales pour permettre à l'industrie de tirer parti de la réalité augmentée dans l'amélioration de la formation des travailleurs, concevoir et tester des produits avant leur production en série, et permettre des inspections de qualité à distance en temps réel comme celles permises par l'hypervision.

Ces propriétés de la 5G vont aider les entreprises à mettre en œuvre des solutions d'Internet des Objets (IoT) plus robustes qu'actuellement, conformes aux besoins du secteur : on parle ainsi d'*Industrial Internet of Things*, ou IIoT. Les dispositifs IIoT nécessitent une connectivité ultra-fiable et une latence quasi-nulle pour fonctionner efficacement, caractéristiques qui singularisent la 5G par rapport à la 4G. Avec la 5G, les dispositifs IIoT pourront transmettre de grandes quantités de données afin de suivre de manière précise la chaîne d'approvisionnement, d'optimiser l'utilisation des stocks et des équipements et de minimiser les temps d'arrêt imprévus. En matière de gestion des risques, le découpage (slice) des réseaux 5G permettra de prioriser certains flux de données sur d'autres. C'est capital dans certaines industries qui pourront garantir un débit sans latence pour certains usages critiques (comme le pilotage de machine-outils) en cas de saturation du réseau local – sans parler de l'optimisation de la consommation énergétique, désormais capitale.

Enfin, la 5G peut aider l'industrie à adopter des solutions de *cloud computing* plus performantes. Les entreprises utilisent le cloud pour stocker, traiter et analyser de grandes quantités de données et ainsi améliorer les performances et la sécurité. Mais c'est au prix de certaines contraintes liées aux limites de la bande passante actuelle. La 5G permettra de surmonter ces contraintes en étant couplée à l'*edge computing*, une « informatique de périphérie » qui déplace les ressources informatiques stockées dans les datacenters aussi près que possible de la source d'origine. Son adoption permettra ainsi d'accéder aux données essentielles plus rapidement et, dans ce cadre, de traiter localement ce que les infrastructures cloud classiques ne permettent pas de traiter en raison des très forts volumes de données à extraire en temps réel. Concrètement, le réseau permettra instantanément d'extraire des données du Cloud, tout en accélérant le traitement des routines locales. Ceci rendra possible une meilleure articulation entre la puissance du *cloud computing* et le nécessaire développement de l'*edge computing* (routines locales), ce qui permettra de concilier performance économique et performance énergétique en optimisant le stockage et le traitement des données au plus près des sites de production.

La 5G c'est donc une meilleure connectivité, plus d'équipements connectés et une meilleure efficience énergétique des systèmes. Autant d'éléments cruciaux pour l'industrie de demain.

La 5G industrielle, brique de performance de la smart factory

La digitalisation de tous les secteurs de l'industrie a posé les jalons d'un nouvel ensemble d'innovations exploitant tout le potentiel de la donnée. Le déploiement de réseaux 5G commence déjà à susciter des cas d'usages ambitieux dans des secteurs industriels extrêmement divers.

L'une des perspectives les plus prometteuses de la 5G industrielle est ce que l'on appelle communément l'usine intelligente (*smart factory*), fruit de la combinaison du savoir-faire industriel et de la connectivité du numérique. Il s'agit de sites de production dont le réseau de capteurs interconnectés permet un pilotage automatisé et optimisé d'une chaîne de production généralement partiellement ou entièrement robotisée. Les capteurs sont le premier maillon de cette industrie 4.0. Ils permettent de faire remonter l'information du processus de production (via des grandeurs physiques comme la température, la pression ou la position par exemple) vers les systèmes de contrôle et d'acquisition des données en temps réel (SCADA). Ces signaux numériques sont traités localement ou dans le nuage et permettent, en retour, de piloter de manière précise le travail des robots ou des cobots sur la chaîne de production – tout en automatisant certaines tâches comme la détection d'anomalies.

La 5G permet dans ce cadre de garantir d'une part la bonne circulation de données, fussent-elles volumineuses, et d'autre part la hiérarchisation de leurs flux via le *network slicing*. Les deux aspects sont cruciaux pour un fonctionnement fluide de l'usine. C'est pourquoi, avec Equans, nous avons contribué à équiper l'une des premières usines intelligentes d'Ericsson à Tallinn avec un réseau 5G. Cela nous a permis de déployer des infrastructures connectées et adaptées à un modèle de production piloté en temps réel conjuguant IIoT[1] et robotique. Des véhicules autoguidés (AGV) y sont employés pour approvisionner en composants les chaînes de production. Ils communiquent via un réseau *wireless* 5G afin d'automatiser certains actes comme l'ouverture des portes, et évitent ainsi des tâches logistiques laborieuses et potentiellement sources d'accidents. De même, les interfaces de réalité augmentée permettent d'améliorer le contrôle des composants électroniques en superposant aux images recueillies les connaissances collectives et instructions des autres dépanneurs. Selon Ericsson, le temps passé au dépannage de circuits imprimés aurait chuté de 50 % grâce à cette solution.

Avec un Internet des Objets pleinement déployé et des capteurs connectés aux machines, l'objectif est d'anticiper les problèmes en temps réel et de réduire les temps d'arrêt de la production. Nous pouvons ainsi analyser les données en temps réel sur chaque machine et pièce d'équipement. En réduisant le temps de latence, la 5G permet une communication instantanée des machines et donc une synchronisation beaucoup plus sûre de la chaîne de production.

En France, la 5G industrielle passe aujourd'hui par la construction de réseaux sur site privé « sur mesure ». Bien inspiré, le gouvernement français a lancé une mission sur la 5G industrielle afin d'accélérer le déploiement de ces applications au sein du tissu productif. L'Arcep, le régulateur en charge notamment de l'attribution des fréquences, a autorisé l'expérimentation de plusieurs réseaux 5G pour les acteurs qui souhaiteraient disposer d'un spectre proche de sa bande

1. Industrial Internet of Things (« Internet Industriel des Objets »)

« cœur ». Plusieurs acteurs se sont positionnés sur le sujet. Dès novembre 2021, Arcelor Mittal a mené une stratégie industrielle baptisée « 5G Steel » exposant plusieurs projets expérimentaux d'usine connectée. L'un d'entre eux prend aujourd'hui forme sur le site pilote de Dunkerque, avec plusieurs usages de mobilité autour des audits de sécurité ou de gestion des managers sur site – autant de tâches supportées par de la 4G mais ayant vocation à passer en 5G d'ici quelques années. À terme, Arcelor Mittal compte s'appuyer sur des bras robotisés qui nécessiteront une connectivité 5G ainsi que sur des lignes de production entièrement digitalisées « 5G by design » comme celle qui sera développée à Mardyck, près de de Dunkerque, et qui sera consacrée à l'acier pour moteurs électriques.

La 5G industrielle n'en est qu'à ses débuts, et devrait s'étendre considérablement à mesure que l'usine 4.0 passe d'un concept expérimental à la réalité.

La smart-agriculture : un immense potentiel pour optimiser la ressource

Beaucoup de régions sont confrontées à un stress hydrique qui ne cesse de s'empirer sous les effets du changement climatique. Les efforts en matière d'innovation dans la gestion de l'eau dans l'agriculture semblent incontournables quand on sait que l'agriculture représente 70 % de la consommation d'eau douce de la planète.

Les gains d'efficacité passeront par la captation, le transfert et l'analyse à grande échelle de la donnée relative aux sols, aux plantations et aux prévisions climatiques. Le croisement et le traitement de ces données permettront une irrigation plus ciblée. Pour cela, la connectivité en temps réel et la capacité de gestion favorisée par la transmission de la 5G apporteront une différence significative. L'importante volumétrie des données des capteurs et les images de synthèse des plantations permettra de gérer l'irrigation de façon plus optimisée tout en améliorant significativement la chaine d'émission carbone associée (installations d'irrigation, pompage d'eau, etc...). L'ajustement sélectif de la fréquence d'irrigation génère donc, en plus d'une réduction très significative de l'eau consommée, une réduction conséquente des émissions de CO2.

Un cas d'usage en vue : l'hypervision

Que ce soit dans l'usine connectée, les systèmes agricoles ou l'industrie minière, l'un des apports intéressants de la 5G sera une capacité de supervision des systèmes de production à distance en temps réel. Cette nouvelle génération d'outils d'aide à la décision, appelée hypervision, s'appuie sur la centralisation de données (images, mais aussi grandeurs physiques) pour contrôler l'ensemble des paramètres d'une activité, au sein d'un site de production ou depuis l'extérieur. Les drones peuvent ainsi assurer des inspections aériennes de structures comme des réseaux de câbles ou des pipelines grâce à des données visuelles. De telles opérations permettent de gagner en efficience et sécurité en évitant l'envoi d'équipes spécialisées, identifiant très tôt les anomalies grâce à des IA analysant les data collectées et empêchant d'éventuels arrêts. La 5G assurera la bande passante et la couverture nécessaire à de tels usages requérant beaucoup de données. Dans une usine comme celle d'Ericsson à Tallin, des capteurs vont jusqu'à mesurer l'humidité, le bruit et le dioxyde de carbone. Ils permettent une surveillance de haute précision des paramètres environnementaux afin d'assurer un environnement de travail sain pour les employés, tout en minimisant les risques de défaut dans la production. La 5G permet de prendre en charge ces milliers d'informations tout en offrant une flexibilité précieuse : la configuration de l'usine peut évoluer, les machines être changées, ajoutées ou retirées, le réseau cellulaire sous-jacent n'a pas besoin d'être ajusté à chaque fois. La connexion rapide aux services Cloud et l'hypervision créent une synergie capable d'intégrer et valoriser cette nouvelle configuration d'usine très rapidement.

L'hypervision dans un centre de contrôle implique donc l'unification des systèmes d'informations multisites et multi-métiers afin de fournir des outils d'aide à la décision à partir de la visibilité en temps réel et des reporting générés. Il permet d'interfacer les sous-ensembles d'une unité de production tout en désilotant les données, décuplant les capacités de contrôle et de suivi de la performance de tout un parc industriel.

Formation, cybersécurité, impact énergétique : trois obstacles à transformer en opportunités

Si la 5G sera une brique technologie incontournable de demain, son déploiement soulève également des défis pour l'industrie. Loin d'être insurmontables, les lever nous obligera à progresser en matière de formation au digital, de résilience cyber et d'impact énergétique.

Un enjeu majeur de l'industrie 4.0 est en effet le futur de ses collaborateurs, alors que l'accélération de la robotique et de la cobotique provoque une profonde transformation des besoins en main d'œuvre et de la nature des emplois industriels. Moins pénibles, moins répétitifs, ces derniers se concentreront désormais sur des tâches de techniciens comme la surveillance et la maintenance de systèmes automatisés. Mais ce sont des défis pour lesquels la 5G a également un rôle à jouer. Il faudra engager un important effort de formation des collaborateurs aux nouveaux métiers et aux nouvelles interfaces. Le développement de l'IoT implique de nouvelles fonctionnalités et, en lien avec l'automation, de nouvelles compétences croisées. Dans ce cadre, l'échange et les retours d'expérience entre les équipes opérationnelles sur les nouvelles générations d'usine seront cruciaux pour rapidement surmonter les difficultés. Par exemple, les employés d'une usine américaine ont pu bénéficier de l'expérience de leurs collègues de l'usine Ericsson à Tallin grâce à une formation donnée depuis Dallas, au Texas, à 8 000 km de l'Estonie. La bande passante 5G permet d'amplifier la formation à distance grâce au partage de fichiers plus lourds comme des maquettes 3D et d'imaginer par conséquent des nouveaux formats d'apprentissage via la réalité augmentée.

La montée en puissance des données s'accompagne également de nouveaux défis de cybersécurité. La sécurité des systèmes informatiques devient critique à la survie des entreprises industrielles au fur et à mesure que la connectique se développe et que les systèmes d'hypervision se généralisent. Le corollaire de ces transformations est en effet une plus grande fragilité globale des systèmes dans la mesure où la surface d'attaque augmente avec l'interconnexion des systèmes de production. Il faut néanmoins souligner que les dispositifs fondés sur le Wi-Fi, certes faciles à déployer dans une usine, présentent déjà des inconvénients majeurs : les connexions sans fil sont instables, la distance de communication est courte, la latence est supérieure à quelques dizaines de millisecondes et elles se sont révélées largement vulnérables aux menaces extérieures. Dans ce contexte, le développement de la 5G via des réseaux fermés apportera une solution plus robuste au besoin simultané de plus de connectivité et d'une meilleure cybersécurité. Ces réseaux devront être localisés à l'échelle d'une usine ou d'un parc industriel, ce qui permettra d'éviter les interactions risquées avec des réseaux ouverts. Le déploiement d'une couverture 5G plus large via des réseaux grand public appelle en revanche à renforcer les outils à notre disposition en matière de réduction de la vulnérabilité des systèmes. Ce doit être l'occasion d'une meilleure prise de conscience des enjeux cyber, dont l'importance critique ne peut plus être sous-estimée sans affecter la résilience de l'ensemble des fonctions de l'entreprise.

Enfin, le déploiement de la 5G doit accompagner la transition énergétique et environnementale. Certains font de cette dernière un argument contre le développement de réseaux, mettant en avant certains usages plus intensifs en donnée comme en puissance de calcul. Mais c'est sans mettre dans la balance le potentiel d'une meilleure connectique pour l'optimisation des systèmes productifs. Demain, la synergie IoT-réseau généralisera le suivi en temps réel des flux, qu'ils soient d'énergie, d'eau ou de déchets, avec à la clef d'importantes économies. L'hypervision doit permettre d'intervenir en amont et de prévenir les fuites d'eau ou d'énergie tout en identifiant les gisements d'économie en ressources. En optimisant certaines tâches comme l'éclairage, la température de l'eau pour certains procédés ou le préchauffage de certaines machines, on s'appuiera sur la 5G pour basculer vers des modèles plus sobres en énergie et plus résilients vis-à-vis des contraintes en matière de ressources naturelles.

La 5G, une brique structurante pour imaginer l'industrie de demain

La 5G est une technologie importante pour l'industrie de demain. Elle fluidifiera la circulation des données, augmentera la capacité à les traiter via une meilleure articulation entre *cloud* et *edge computing*, et permettra ainsi un véritable essor de technologies critiques comme l'IoT, l'automatisation, la robotique et la modélisation digitale. Mais l'usine 4.0 ne sera pas seulement plus performante : sa plus grande connectivité garantira une optimisation de sa consommation énergétique, de la gestion des flux et globalement de son impact environnemental.

À l'avenir, l'élargissement de la bande passante et la quasi disparition de la latence permettra de généraliser des cas d'usages comme l'hypervision ou les jumeaux numériques dans un nombre croissant de secteurs. Autant d'innovations qui apporteront l'efficience, l'agilité et l'ergonomie nécessaires à l'industrie du XXIe siècle appelée à devenir plus flexible, plus sobre et plus résiliente.

En dernière analyse, la 5G nous permet d'imaginer des usines à la fois mieux connectées, plus ouvertes au monde et au même temps implantées davantage au cœur des territoires. Je suis persuadée que le futur ne passera pas par des « remote factories » mais bien par une industrie performante, résiliente et pleinement insérée dans les écosystèmes locaux, pourvoyeuse d'emplois moins pénibles et pleinement engagée dans la minimisation de son impact environnemental.

L’avenir, c’est la 5G !

Retrouvez les points forts du chapitre
« La 5G, une brique structurante
pour imaginer l’industrie de demain »
d’Ana Giros
en scannant ce QR Code :

3

5G et sobriété énergétique : l'équation gagnante

Dominique Mockly, Président et Directeur Général de Teréga

Depuis son arrivée dans le débat public, on oppose souvent la 5G à la transition écologique. La première serait une nouvelle manifestation de l'hubris moderne, désireux de toujours plus de performance et de vitesse, tandis que la seconde serait nécessairement tournée vers une sobriété se satisfaisant de moindres progrès techniques.

Camper une telle opposition paraît au mieux réducteur, au pire erroné. La mise en place d'une nouvelle génération de télécommunications répond en effet à une multitude de besoins dont plusieurs entrent directement en résonance avec les crises environnementales et énergétiques que nous traversons. À l'heure où les mots de « planification énergétique » et « d'économies d'énergie » sont à la mode, la nécessité de se doter d'outils de pilotage des réseaux d'électricité, d'eau ou encore de gaz plus performants apparaît cruciale. La 5G semble à cet égard particulièrement prometteuse : en améliorant considérablement la connectivité des réseaux, elle ouvre la voie à des infrastructures pilotées en temps réel via de nombreux capteurs intégrés. Là où les réseaux télécoms actuels n'ont pas été calibrés pour assurer la circulation des données entre un nombre toujours plus grand d'objets connectés, la 5G permettra de supporter la montée en charge d'infrastructures énergétiques intelligentes (« smart grids »), beaucoup plus optimisées qu'aujourd'hui et donc bien plus performantes sur le plan écologique.

Si l'on prend encore un peu plus de recul, on réalise assez vite que les gains de la 5G pour le secteur de l'énergie dépasse la simple amélioration de l'empreinte écologique des antennes télécoms – qui devrait pourtant considérablement baisser. Outre l'optimisation des différents réseaux d'énergie, qui est absolument décisive si l'on veut développer des sources d'énergie intermittente comme les énergies renouvelables, la maintenance augmentée et même la construction de nouvelles infrastructures seront des gisements d'économies d'énergie grâce à la 5G.

5G versus sobriété : un faux débat

La question de l'impact énergétique de la 5G se cristallise tout d'abord sur les nouvelles infrastructures qui la supporteront. D'un côté, les opérateurs annoncent une division par 10 de la consommation énergétique des nouvelles antennes. Ils comptent en particulier sur les antennes intelligentes dites « Massive MIMO » (pour Multiple-Input Multiple-Output, ou « entrées et sorties multiples ») pour améliorer l'efficacité énergétique. Il y aura davantage de ces petites antennes qui pourront demain cibler le faisceau radio sur les utilisateurs qui en font l'usage, là où le signal est émis aujourd'hui dans toutes les directions et ce de manière permanente. À bande passante équivalente, la 5G sera donc moins énergivore que la 4G.

De l'autre côté, certains observateurs ont fait remarquer que l'intérêt de la 5G résidait dans une augmentation du débit et donc des usages. Il y a donc fort à parier que l'utilisation de la bande passante ne restera pas au même niveau qu'aujourd'hui avec la multiplication des cas d'usage comme le streaming haute qualité ou la réalité augmentée. C'est ce qu'on appelle l'effet rebond, ou paradoxe de Jevons du nom de cet économiste britannique ayant observé une augmentation de la consommation de charbon au Royaume-Uni après l'introduction de la machine à vapeur de James Watt, pourtant bien plus économe que celle de Newcomen (William Stanley Jevons, *The Coal Question*, 1865).

Il s'agit toutefois d'un débat posé dans de mauvais termes dans la mesure où se privent d'une approche plus holistique des apports de la 5G pour le secteur de l'énergie. Si l'on veut aborder la question de son bilan carbone, il faut prendre en compte non seulement la technologie sous-jacente (les antennes par exemple) mais également l'ensemble des usages que la 5G permettra. Or, ils sont nombreux : des réseaux électriques optimisés, des infrastructures plus efficientes car mieux surveillées, des sources d'énergie mieux pilotées, une consommation finale minimisée… Les applications sont très nombreuses. Elles ont toutes en commun de nécessiter de plus grands volumes de données sur l'ensemble du système associés à plus de réactivité, plus de vitesse et donc une meilleure circulation de l'information. Cette connectivité décuplée par la 5G permet de mieux identifier les pertes et d'optimiser l'allocation de l'énergie là où on a le plus besoin et sous la forme adéquate.

Une technologie indispensable à l'Internet de l'énergie

Bien avant que ne débute cette crise énergétique, l'enjeu de l'optimisation des réseaux électriques avait été abordé en lien avec les développements de l'industrie du numérique. Défendu notamment par l'essayiste Jeremy Rifkin, le terme d'Internet de l'énergie entend désigner les nouveaux modèles d'organisation des réseaux énergétiques permis par la convergence entre les infrastructures de l'Internet et celles de la distribution et du stockage de l'électricité. Sans qu'il s'agisse d'un domaine de recherche très défini, il est courant de définir l'Internet de l'énergie via 4 principes ayant particulièrement le vent en poupe ces dernières années : la décarbonation, la décentralisation, la démocratisation et la digitalisation.

C'est ce dernier aspect que la 5G entend révolutionner via les « smart grids », ces réseaux intelligents de production et de distribution énergétiques. Les réseaux énergétiques se sont en effet construits en silos, à partir de grandes centrales pilotées de manière centralisée par un opérateur monopolistique. Ce modèle semble être amené à profondément évoluer avec le développement de sources d'énergie hétérogènes (hydraulique, solaire, éolien ou encore l'hydrogène et le gaz) qui appellent de plus petits réseaux, articulés autour de nombreux nœuds de production, de stockage et de gestion de l'énergie.

Sans attendre un tel changement de paradigme, la 5G offre d'ores et déjà de nouvelles fonctionnalités pour optimiser les réseaux d'énergie. Au sein des usines, une plus grande connectivité permet de récupérer la chaleur issue de la fonte de l'acier pour la réinjecter dans d'autres processus métier ou bien dans le réseau de chauffage – selon les besoins connus en temps réel. La capacité à obtenir et traiter des données ouvre ainsi la voie à des réseaux multi-énergies» permettant de faciliter les échanges, optimiser certaines ressources voire piloter les émissions de CO2. Côté distributeurs, la 5G permettra d'organiser une remontée automatisée de données à partir des compteurs et bornes électriques afin d'anticiper les pics de consommation et gérer au mieux la production. La dissémination de capteurs et de terminaux connectés ouvre la voie à une forme d'intelligence collective permettant d'ajuster, en temps réel et selon les données météo, des systèmes énergivores comme le chauffage ou, dans une moindre mesure, l'éclairage. Les cas d'usages sont donc pléthore, et le potentiel d'économie d'énergie immense.

Vers une maintenance intelligente des infrastructures énergétiques

Un apport moins visible mais tout aussi critique de la 5G consistera en une amélioration des systèmes de maintenance des réseaux d'énergie. Aujourd'hui, si l'on prend l'exemple du gaz, beaucoup de pipelines sont disséminés sur des zones peu couvertes du territoire, en réseau télécom comme en alimentation électrique. La surveillance se fait donc à l'aide de capteurs alimentés par des sources autonomes d'énergie tels que de petits panneaux solaires. Mais ceux-ci peuvent être abîmés ou dérobés, causant d'importants coûts d'intervention pour garantir la surveillance de l'ensemble du réseau. Demain, des capteurs disposés le long des pipeline pourraient s'appuyer sur des technologies 5G moins consommatrices d'énergie, ce qui permettrait de les alimenter via de petits courants électriques comme ceux générés par compression/décompression des pipelines. Surtout, la capacité à gérer plus de capteurs de natures différentes permettra de considérablement renforcer les capacités de surveillance. L'image digitale et l'image réelle sont en effet parfois en décalage ; les images thermiques peuvent être trompeuses, les volumes de flux électrique aussi. En couplant une plus grande variété de capteurs en temps réel, dont les données seront analysées par une intelligence artificielle, on va donc accéder à des capacités de surveillance des réseaux bien supérieures à ce que l'on fait aujourd'hui. A la clef, une plus grande réactivité des équipes, plus d'anticipation des anomalies, moins d'accidents et donc moins de pertes d'énergie.

Concrètement, la maintenance est réalisée aujourd'hui par des opérateurs se déplaçant avec de la documentation sur ordinateur ou papier pour réaliser les opérations de maintenance, qui sont le plus souvent très loin du centre de supervision. Demain, la 5G permettra d'exploiter tout un ensemble de données, sur l'historique du réseau par exemple, afin d'aboutir à des outillages plus intelligents – je pense par exemple à des simulations d'intervention permettant d'appuyer l'aide à la décision en amont de l'envoi d'une équipe physique. Mais la connectivité 5G servira également en aval, en cas d'intervention. Dans ce cas-là, les opérateurs pourront bénéficier d'une interaction directe avec la centrale de supervision, en temps réel, et le cas échéant via des lunettes de réalité augmentée permettant de superposer aux images de la documentation technique sur l'intervention à mener.

La 5G, un atout pour la construction de nouvelles infrastructures

L'énergie, c'est bien sûr des ressources mais c'est aussi des infrastructures pour leur production, leur transport, leur distribution. Leur construction occupe une place importante parmi les enjeux du secteur que la 5G va révolutionner.

La 5G peut de prime abord apparaître comme une contrainte à prendre en compte dans la construction de nouvelles infrastructures. Du fait des propriétés physiques des ondes 5G – notamment sur les bandes millimétriques non encore utilisées mais qui le seront demain avec la 5G Stand Alone – la construction des infrastructures va devoir évoluer. En effet, avec des longueurs d'ondes plus grandes, la capacité à traverser les obstacles diminue. Il faudra donc concevoir des réseaux 5G adaptés aux contraintes physiques des différents sites, comme par exemple les nombreuses barrières perturbant les ondes radio dans les centrales nucléaires.

Dans le même temps, la 5G permettra de grandement faciliter la construction de projets d'infrastructures complexes. L'un des secteurs ayant aujourd'hui le vent en poupe, le nucléaire, devra ainsi internaliser ces particularités de la 5G mais bénéficiera également de ces propriétés pour mener à bien la gestion de projet d'opérations d'envergure comme la rénovation ou la construction de nouveaux réacteurs. L'apport de la 5G réside dans la fluidification du lien entre conception et fabrication. L'une des difficultés dans la rénovation des réacteurs, c'est la gestion de projet et la capacité à modifier des choses déjà construites. Réaliser de telles opérations du premier coup est difficile mais fondamental. Avec des outils connectés 5G, de nouveaux outils comme les maquettes numériques 3D pourront considérablement améliorer le dialogue entre les équipes d'ingénierie et celles du BTP. Cette connexion en temps réel, permettant la transmission de fichiers nombreux et souvent lourds, donnera ainsi aux ouvriers des outils simples pour s'assurer que le dossier de réalisation – ce qui est effectivement fait sur le chantier – soit conforme au dossier de conception. Un acteur comme Dassault Système fournit aujourd'hui des outils pour ça, capables d'agréger un ensemble de données complexes en un document synthétique. Sur le terrain, vous aurez demain des applications permettant de vérifier la conformité du chantier en prenant de simples photos via une tablette ou un smartphone. Obtenir une réponse instantanée permettra aux *frontline workers* une bien meilleure efficacité, là où le circuit est aujourd'hui très long et retarde les projets en cas d'anomalies simplement détectées à l'œil .

La 5G, clef d'une décentralisation indispensable à la transition énergétique

Non seulement la 5G permettra d'optimiser la consommation et de faciliter la construction d'infrastructures critiques, mais elle se révélera aussi décisive pour accompagner le mouvement de décentralisation des réseaux énergétiques. En effet, avec l'essor des énergies renouvelables comme l'éolien en mer ou le solaire, les réseaux électriques devront de plus en plus gérer des sources d'énergies diverses, au rendement intermittent, et dont la gestion sur le territoire ne va pas de soi. Le raccordement aux réseaux traditionnels d'écosystèmes locaux producteurs d'électricité, comme des maisons disposant de leur propre énergie solaire ou éolienne qu'elles peuvent consommer ou remettre sur le réseau, complexifie en effet le pilotage et la bonne répartition de l'énergie à travers les territoires. La même problématique se retrouve pour le gaz naturel ou le biogaz, avec des productions locales mais qui doivent être articulées avec des réseaux locaux plus larges. La 5G permettra d'optimiser ces réseaux multi-échelles avec un côté fournisseur et un côté consommateur. C'est du reste une mission que RTE assure tous les jours pour éviter les délestages sur le réseau électrique, en optimisant la production électrique et déplaçant du courant des zones en surplus vers les zones déficitaires.

Ces nouveaux réseaux intelligents seront ainsi dotés de la capacité à répartir les flux et optimiser l'appariement offre/demande, même en prenant en compte les complexités propres à chaque source d'énergie. La faculté d'anticipation du réseau sera donc décisive, ce qui implique la création de bases de données permettant d'inférer les besoins quelques heures avant qu'ils ne se manifestent à partir d'un historique de consommation. La 5G garantira la connectivité nécessaire à tous ces flux de données, notamment vers des datacenters. Aujourd'hui décriés pour leur impact énergétique, il faudra demain inclure dans l'équation leur apport pour l'optimisation de la consommation d'énergie. Demain, les réseaux de neurones vont être de plus en plus répartis, avec le développement de l'IA distribuée et de l'Edge computing. Mais l'apport de la 5G n'en sera que plus décisif pour assurer la circulation des données entre les différentes instances de traitement de la donnée.

Dans un monde où la question de la planification écologique est posée et où les prévisions de consommation sont extrêmement corrélées à la température extérieure, la 5G apparaît comme essentielle pour développer des réseaux énergétiques plus intelligents, capables de s'adapter en temps réel, voire d'anticiper à partir des prévisions météo. Au-delà des économies d'énergie de la technologie en elle-même, qui seront pour partie compensées par un effet rebond, c'est du point de vue des gains pour l'ensemble des systèmes énergétiques qu'il faut évaluer l'intérêt de la 5G. Or, dans cette approche globale, force est de constater qu'elle sera décisive pour aller vers des modèles plus décentralisés, plus adaptés au développement des énergies renouvelables, mais également vers des infrastructures moins coûteuses et mieux monitorées. Autant de sources d'économies d'énergie qu'il faut inclure dans l'équation !

L'avenir, c'est la 5G !

Retrouvez les points forts du chapitre
« 5G et sobriété énergétique : l'équation gagnante »
de Dominique Mockly
en scannant ce QR Code :

4

La 5G sauve des vies !

Marc Laidet, Président de la FHP Psychiatrie,
Vice-Président Acteurs de la Prévention

En 2020, la crise sanitaire déclenchée par la pandémie de Covid-19 a démontré que les réseaux de communications électroniques étaient indispensables au maintien du lien social, de l'éducation, de l'activité économique mais également de la santé. La demande en connectivité s'est largement accrue avec l'essor de la téléconsultation, qui s'est avérée essentielle pour maintenir le suivi médical des Français, tandis que la crise sanitaire provoquait au sein du secteur de la santé un « choc de simplification » pour faire face à l'urgence de prise en charge des patients à distance, notamment en psychiatrie et SMR (soins médicaux et réadaptation). Ce « quoi qu'il en coûte » sanitaire a permis d'ouvrir de nouveaux champs d'application et d'accélérer des cas d'usage en santé numérique.

La crise du Covid-19 a ainsi révélé, tout à la fois, les potentialités du numérique en santé et les nombreuses failles de notre système de soin. Certaines d'entre elles préexistaient à la pandémie, comme la pénurie d'infirmiers et de médecins, tandis que d'autres ont émergé dans son sillage à l'instar des pénuries de médicaments, ou encore des retards d'accès à certains soins. Ce sont là des failles qui ne sont pas nouvelles mais qui se sont amplifiées à la faveur de la crise, à un moment où s'est accélérée, en l'espace de quelques mois, la numérisation du système de santé et les besoins d'infrastructures adaptées aux dispositifs de demain.

Le secteur de la santé est ainsi confronté à des enjeux systémiques appelant à des mutations digitales nécessitant une connectivité 5G. Certains apports sont aisément identifiables, comme le développement des objets connectés – antérieur à la crise mais qui s'est accéléré depuis –, l'accès à l'Internet haut débit des médecins et hôpitaux, les besoins de connectivité non seulement in-door mais aussi out-door (ambulances pour exemple), mais également l'ensemble des passerelles pour y intégrer les usages et réseaux existants, et enfin le développement des connectivités pour des applications métiers sur des réseaux sécurisés et privés, dans l'optique d'une meilleure circulation des données de santé.

D'autres apports de la 5G s'intègrent dans des enjeux plus larges du système de soin. Les modèles actuels sont à repenser pour répondre efficacement aux défis de santé publique – que l'on pense à la prise en charge de la dépendance ou encore aux besoins croissants en psychiatrie. Les pratiques de soin sont encore aujourd'hui trop localisées sur les hôpitaux et les cliniques, En résulte un cloisonnement des univers et un manque de coordination qui génère une complexité nuisant au parcours de soin et une fragmentation de l'offre selon les territoires.

Les promesses de la 5G sont donc multiples pour la santé : plus de fluidité pour le parcours de soin, meilleure couverture territoriale, moins de déserts médicaux, accélération de la numérisation des soins, plus grande efficience des pratiques et meilleure articulation entre préventif et curatif grâce à l'anticipation permise par l'exploitation de données massives. De ce point de vue, la 5G est un vecteur qui peut être comparée à un rail qu'il faut équiper en wagons, pilotes et infrastructures périphériques pour en tirer pleinement parti et arriver à bonne destination. C'est en ce sens un élément central et structurant de l'écosystème de santé numérique de demain.

La 5G, composante centrale de la médecine 4P

La médecine connaît plusieurs années de profondes mutations sous l'effet conjugué du développement de l'Internet des objets (IoT) et de l'exploitation de grandes volumétries de données par les nouveaux modèles d'intelligence artificielle. Avec le déploiement de la 5G, c'est un nouvel écosystème de soins qui prendra forme sous l'appellation de médecine 4P : une médecine prédictive, préventive, personnalisée et participative.

Une médecine prédictive

Bénéficiant d'un flux de données actualisées en temps réel sur les signes vitaux des patients et croisées avec les informations sur leur mode de vie, le nouvel écosystème de santé sera plus à même de prédire les risques. Simultanément, il fournira aux prestataires de soins de santé des alertes précoces sur les problèmes des patients. Les médecins et les infirmières pourront utiliser ces informations pour réagir et intervenir rapidement afin d'éviter une aggravation de l'état du patient.

Bien que la 5G ne soit pas au cœur du processus de prédiction lui-même, elle sous-tendra la connectivité omniprésente de l'IoT et garantira un débit suffisant à l'échelle de l'écosystème qui collecte, analyse et partage des données.

Une médecine préventive

Un système de soins prédictif renforce dans le même temps la capacité à prendre des mesures préventives. Un bon exemple, particulièrement pertinent dans le contexte de l'épidémie de Covid-19, fut la capacité à retracer avec une précision sans précédent la proximité d'un grand nombre de personnes à l'aide d'applications pour smartphones. Lors d'une épidémie, ces données de géolocalisation peuvent être combinées avec les profils de diagnostic et les résultats des tests en cours afin d'identifier des facteurs tels que les personnes les plus à risque et celles qui peuvent involontairement transmettre une maladie encore asymptomatique à d'autres personnes. Il est alors possible de lancer des alertes et des interventions personnalisées afin d'endiguer la propagation de l'épidémie. Si la France a fait le choix de préserver la vie privée des individus en limitant ces usages à la traçabilité des contacts via simple technologie Bluetooth, d'autres pays sont allés bien plus loin que notre application mobile française de recherche des cas-contacts destinée initialement à avertir d'une éventuelle transmission avec une personne infectée dans la direction d'une géolocalisation stricto sensu des individus. Mais de telles mesures prophylactiques soulèvent des enjeux démocratiques qu'il faut mettre en balance avec ses avantages.

Une médecine personnalisée

La possibilité d'une surveillance de l'état de santé en temps réel sur les réseaux 5G offrira des possibilités considérables de personnalisation des soins de santé et fournira des conseils adaptés à chacun en prenant en compte son style de vie et . Les prestataires de soins peuvent utiliser l'internet tactile, par exemple, pour examiner à distance des patients qui ne peuvent pas se rendre dans un grand établissement clinique ou hôpital spécialisé dans leur pays.

Une médecine participative

Dans l'écosystème de santé activé par la 5G, les patients seront moins des consommateurs passifs de soins de santé que des participants engagés dans la conduite de leurs propres résultats. Pour exemple, certaines montres connectées offrent déjà des outils d'analyse de son activité cardiaque. Ainsi la circulation des données leur permettra ainsi de mieux comprendre leur état de santé, la cohérence de leur parcours de soin et revitalisera peut-être la « démocratie en santé » – un objectif inscrit dans la loi depuis 2002 mais qui peine encore à s'incarner pleinement.

Tous ces changements ont d'ores et déjà commencé mais avec l'accélération du déploiement de la 5G, véritable support de la médecine de demain, la vision de la médecine 4P est déjà challengée ! Certains parlent ainsi d'une médecine 5P, qui ajoute à la médecine 4P son caractère « prouvé », c'est-à-dire fondé sur la pertinence ou la preuve d'un service médical rendu au patient. D'autres commencent même à évoquer une médecine 6P, dont le dernier pilier serait le rôle charnière du « parcours » de soin. Avec le vieillissement structurel de la population, les « parcours pluriels » ont en effet vocation à se généraliser (par exemple, un patient poly pathologique bénéficierait conjointement des soins pour insuffisance cardiaque et diabète) et nécessiteront une bien meilleure coordination qu'aujourd'hui.

La médecine de demain : quelques cas d'usages 5G-driven

Si la 5G projette l'avenir dans un référentiel qui peut être assimilé encore aujourd'hui à de la science-fiction pour certains, les expérimentations sont nombreuses et permettent d'ores et déjà d'identifier des cas d'usage opérationnels et ceux ci-après sont néanmoins loin d'être exhaustifs : la 5G sera un facilitateur pour bien des innovations qui restent à explorer.

Le bloc opératoire connecté

Le bloc opératoire connecté désigne une nouvelle génération d'équipements augmentés par des objets connectés, des données plus nombreuses et par conséquent de nouveaux outils comme des lunettes de réalité augmentée. En découlera une grande facilitation de la préparation et la réalisation d'opérations sensibles, voire l'émergence d'une télé-chirurgie s'appuyant sur une robotique de précision. Autant d'outils requérant absence de latence et une meilleure connectivité.

C'est la télé-chirurgie qui apparaît comme le cas d'usage le plus emblématique du bloc opératoire connecté. Les propriétés de la 5G en termes de débit, de latence et de fiabilité ouvrent en effet la voie à des opérations réalisées à distance par un spécialiste ne pouvant se déplacer à l'autre bout du monde, à partir d'un casque de réalité augmentée ou virtuelle connecté en temps réel à un robot chirurgical opérant le patient. Les robots médicaux développés actuellement permettent une précision extrêmement fine et un retour tactile, primordial pour un chirurgien étant donné la fragilité de certains tissus. Tout cela débute aujourd'hui à l'échelle expérimentale, mais demain le déploiement de réseaux 5G sur de plus larges parties du territoire permettra de faire décoller ce cas d'usage.

Le développement de la télé-chirurgie pourrait ainsi changer la donne en matière d'accès aux soins, en France comme dans le monde. Il y a encore 10 ans, un tiers de la population mondiale n'avait pas accès à des services chirurgicaux essentiels. Malgré de nets progrès, l'accès et la disponibilité de chirurgiens experts à travers le monde reste une problématique majeure. Pour les types d'opérations courantes et souvent pratiquées dans le cadre de l'urgence (césariennes, appendicectomies...), la formation des acteurs locaux semble la solution la plus réaliste. Sans même parler de télé-chirurgie, qui reste encore expérimentale, la 5G pourra dès demain faciliter le partage de compétences à distance et ainsi décupler la formation de médecins à travers le monde.

Par exemple, les lunettes à réalité augmentée permettent d'intégrer des images numériques dans le champ de vision du chirurgien afin de lui fournir des informations auxquelles il n'aurait pas eu accès sur place, comme le positionnement de certains organes non visibles, le trajet des vaisseaux sanguins, ou encore le dossier médical du patient. En plus de communiquer en temps réel avec d'autres médecins à travers le monde, la réalité augmentée permet donc d'obtenir des informations visuelles en temps réel facilitant la formation pratique de chirurgie à distance. En ce sens, le bloc opératoire connecté permettra de s'affranchir des contraintes géographiques qui affectent aussi bien les pays en voie de développement (fuite des cerveaux) que les pays développés (déserts médicaux).

L'hôpital connecté : une absence de latence vitale

L'amélioration de la couverture du réseau mobile à l'intérieur des hôpitaux permettra le développement de cas d'usage associés. L'hôpital est un lieu d'optimisations multiples grâce aux solutions sans fil : identification, traçage des médicaments ou encore suppression des câbles qui sont sources bien connues de développement des bactéries et de problèmes de connectivité.

Les besoins identifiés sont également légion : réduire les délais de prise en charge des patients, permettre le réaménagement de services pour plus de flexibilité en cas de crise. Le déploiement de réseaux privés 5G permettrait ainsi, entre autres, d'avoir un inventaire précis des équipements de l'hôpital, via un suivi des équipements en temps réel ; l'utilisation de robots mobiles (véhicules à guidage automatique) pour le transport de médicaments ou équipements paramédicaux ou de prélèvements ; de rendre plus efficace le suivi des patients via des dossiers numérisés consultables depuis des tablettes par les différents praticiens et infirmiers… autant de cas d'usage pour lesquels il sera crucial d'avoir une couverture sans fil, fiable, à haut débit et à faible latence déployée par des Small Cells, c'est-à-dire de petites antennes facilement déployables remplaçant le câblage.

Ambulances connectées : la 5G sauvera des vies

L'absence de latence permise par la 5G peut parfois sembler superfétatoire s'agissant de certains usages récréatifs. Mais on comprend tout de suite son apport décisif en santé lorsqu'on se penche sur ses applications en situations d'urgence. Dans ces configurations, quelques secondes économisées peuvent sauver une vie. Un réseau 5G pleinement déployé permettra en effet une liaison fiable et sans délai entre les ambulances, l'hôpital et plus généralement entre les services d'urgence. Avec les développements de la réalité augmentée, le médecin hospitalier pourra accéder directement au patient dès son installation dans l'ambulance connectée. Celle-ci pourra recueillir les signes vitaux du patient automatiquement, les analyser en comparant son état à des bases de données, et donner des indications aux ambulanciers sur la marche à suivre.

D'un point de vue encore plus prospectif, peut-être pourra-t-on demain réussir à coordonner les données des ambulances connectées aux infrastructures de transport telles que les feux rouges, les trajets des bus ou tramway, voire même les voitures individuelles connectées afin de faciliter le trajet de l'ambulance. Le routage automatique de l'ambulance par le trajet le plus efficace vers l'hôpital le plus proche est également un cas d'usage à explorer, qui pourra également être utilisé par d'autres services publics comme celui des sapeurs-pompiers.

La 5G pourra enfin améliorer le service d'urgence lors de l'arrivée à l'hôpital, par une diffusion de l'information à tous les services compétents avec les données pertinentes envoyées en amont et pré-analysées par des programmes d'intelligence artificielle dédiés.

Les cas d'usage de la 5G pour la médecine nomade et à domicile

Enfin, une dernière grande famille d'applications de la 5G en santé sera l'amplification de la médecine nomade. Sur le plan médical, il s'agit d'accélérer l'évolution vers la médecine de précision en renforçant la place de la connectivité dans la prise en charge des patients à distance. Cela induit de grands progrès dans le secteur de l'imagerie par exemple, afin d'accélérer le virage de la portabilité, de la connectivité, de la réalité augmentée, de l'intelligence artificielle embarquée et des équipements hybrides. Cela permettra une meilleure prise en soin à distance et une meilleure couverture territoriale à l'heure où les déserts médicaux sont de plus en plus décriés.

Un levier pour l'hôpital « hors les murs » et l'accès aux services de santé

La 5G contribuera également à la démocratisation de la télémédecine. La fiabilisation de l'échange de contenu haute-définition (vidéo, image et son HD) profitera à la téléconsultation, permettant de désengorger les hôpitaux en limitant au maximum les consultations ou passages aux urgences évitables. Pour les médecins, l'échange de contenu HD facilitera la télé-expertise, promouvant un accès sécurisé et de qualité à l'expertise médicale.

Des dispositifs physiques commencent à émerger pour aller vers des possibilités de consultation et de diagnostic à distance encore plus complètes. Le médecin pourra, grâce aux différents instruments de mesure présents à distance dans une unité de lieu réaliser un examen clinique, établir un diagnostic à distance et, si besoin, délivrer une ordonnance. Le dispositif permettra également de réaliser des prises de mesure assistées à distance ou en autonomie par le patient (poids, taille, IMC, température, saturation O2, fréquence cardiaque, tension artérielle...), guidées par un tutoriel vidéo avec un compte-rendu du résultat de ses constantes. Il permettra aussi de réduire les inégalités territoriales.

L'application de la 5G dans le domaine de la santé peut à cet égard avoir un impact important sur l'environnement par la réduction des déplacements du patient au centre de soin. Le matériel médical pouvant être utilisé en déplacement et à distance, il peut être déployé au plus proche des malades sans qu'ils ne se déplacent. À ce titre, la 5G permettra un saut technologique qui pourrait alléger les hôpitaux en facilitant les examens médicaux lourds, en temps réel, depuis n'importe quel endroit, un EHPAD ou un logement, par exemple.

La 5G, une brique commune à l'ensemble des champs de spécialités

La télé-rééducation

Les cas d'usage seront également dans les années à venir amenés à se multiplier dans le domaine de la télérééducation. Le domaine du maintien à domicile utilisant les nouvelles technologies est en progrès constant et s'est accéléré avec les dernières mesures sanitaires. L'utilisation de ces technologies a le potentiel d'améliorer l'accessibilité aux services de réadaptation et de rééducation pour de nombreux patients ayant une incapacité physique ou cognitive, à fortiori en cas de problème chronique. La télérééducation concerne un champ et des spécialités très larges, comme la kinésithérapie et de l'ergothérapie, mais s'intègre aussi plus largement dans la téléréadaptation avec un travail de réinsertion dans le milieu social, familial et professionnel dans les suites de chirurgie ou d'AVC par exemple

Psychiatrie et santé mentale

Le virage de la télémédecine en psychiatrie s'est accéléré durant la crise du COVID en 2020. 50 % des actes de psychiatrie en 2020-2021 ont été réalisés à distance. La part des patients satisfaits d'une téléconsultation est passée de 11 % en 2019 à 77 % en 2021. C'est la spécialité qui a connu le plus grand nombre de prises en charge distancielles durant le Covid, dans la mesure où les confinements ont conduit à une hausse des problèmes de santé mentale.

Il faut bien comprendre que la 5G permettra de mieux utiliser le numérique non pas en remplacement des soins traditionnels mais comme outil de personnalisation et de support à la prise en soin ambulatoire[1].

Nous allons vers un double modèle, l'un orienté psychiatrie et l'autre santé mentale. Les patients qui souffrent de pathologies sévères nécessitant des hospitalisations ne vont pas voir leur prise en charge révolutionnée car la recherche se concentrera surtout sur de nouvelles thérapeutiques. En revanche, les patients qui ont besoin d'une prise en charge espacée sans nécessairement d'hospitalisation vont bénéficier du support d'outils numériques pour améliorer le confort, assurer le suivi et maintenir le contact avec leurs thérapeutes. Aujourd'hui, hôpitaux et cliniques ne peuvent plus répondre à la demande s'agissant de cette seconde catégorie de patients, dont le nombre est en constante augmentation sous l'effet de la hausse notamment des cas de burn-out et de dépressions.

Ces nouveaux outils permis par la 5G changeront également l'expérience du patient. Se rendre dans un établissement psychiatrique pour un bilan ou une série de consultations est souvent vécu comme une expérience « traumatisante ». Le numérique donnera la possibilité de recueillir des informations importantes sur l'évolution d'un trouble émergent tout en maintenant une certaine distance. On peut même imaginer obtenir des données au long cours sans hospitalisation.

1. Un soin ambulatoire est un soin spécifique réalisé dans un lieu et dans un temps hors hospitalisation. Ce soin peut être prodigué soit dans un CMP (Centre Médico Psychologique), un CATTP (Centre d'Accueil Thérapeutique à Temps Partiel) ou un HDJ (Hôpital De Jour) pour une durée de quelques heures ou d'une journée par une équipe pluridisciplinaire qui assure la coordination du suivi pour le secteur.

L'un des apports qui me semble capital sera l'usage de la téléconsultation et du suivi à distance en matière de prévention. Avec un diagnostic opéré en amont, on pourra éviter que des problèmes de santé mentale ne versent dans un état plus agravé la psychiatrie faute de suivi suffisant. La 5G permettra une meilleure coordination des parcours et assurera la bonne prise en compte des données remontées par les différents spécialistes, ce qui pourra déclencher des alertes automatiques auprès du médecin lorsque plusieurs facteurs de risque se conjuguent. Des alertes automatiques avec des messages redirigeant vers le bon interlocuteur peuvent aussi être envisagées directement auprès du patient, dans le cadre de la dimension participative de la médecine 4P.

Une nécessaire évolution multidimensionnelle de l'écosystème de la santé

Pour que la 5G puisse se développer, l'écosystème va devoir également s'adapter pour accompagner ces évolutions. Une couverture large et homogène du réseau et une forte interopérabilité entre les différents opérateurs seront capitales.

Il nous faudra ainsi favoriser la mise au point de plateformes collaboratives ouvertes pour assurer l'interopérabilité entre acteurs. Ces plateformes joueront un rôle déterminant dans la mise à jour des modèles économiques et de gouvernance qui sous-tendront ces applications.

Dans un contexte d'attaques cyber répétées auprès des établissements de santé depuis quelques années, la sécurité va également être un élément déterminant. Pour exploiter pleinement le potentiel des réseaux 5G dans les établissements de santé, la sécurité du réseau et la confidentialité des données seront indispensables. Afin que les patients puissent utiliser ces nouveaux services sans crainte de vol de données, les réseaux 5G devront s'accompagner d'une meilleure cybersécurité.

Déployer tout cet écosystème ne pourra toutefois se faire à l'échelle sans prise de conscience des pouvoirs publics pour faire évoluer la réglementation et les financements de ces nouvelles formes de prise en charge

En conclusion, la 5G pourrait contribuer à transformer les soins de santé, en offrant une fiabilité, une vitesse et une échelle de réseau qui font progresser la médecine, les services aux patients, les traitements et les programmes de bien-être de manière significative, comme nous l'avons vu dans les exemples décrits ci-dessus.

Dans l'ensemble, le message est clair. En combinant la 5G avec d'autres technologies de pointe, nous pouvons créer l'opportunité de transformer de nombreux aspects des soins aux patients, tout en catalysant l'émergence d'un nouvel écosystème de soins de santé – un écosystème qui sera plus connecté, plus intelligent et plus efficace dans son utilisation des ressources que les systèmes actuels.

Il reste néanmoins de nombreux obstacles à surmonter – institutionnels, culturels et technologiques – avant que les réseaux 5G ne deviennent monnaie courante dans le secteur des soins de santé. Un point essentiel pour favoriser la diffusion de cet écosystème sera la formation des professionnels, qu'ils soient médecins ou soignants. Le monde change mais pas leur formation, ou trop peu et trop lentement. Sans verser dans un modèle « tout numérique », je suis persuadé qu'il faudra susciter l'adhésion de l'ensemble des acteurs du système de santé pour que la révolution permise par la 5G se traduise par une meilleure offre de soin pour tous.

Le plus innovant avec la 5G c'est ce que nous en ferons.

Retrouvez les points forts du chapitre
« La 5G sauve des vies ! »
de Marc Laidet
en scannant ce QR Code :

5

Mobilité connectée : la 5G, accélérateur de particules de la « smart mobility »

Nicolas Rousselet, Président-Directeur Général du Groupe Rousselet

Il y a encore quelques décennies, bien des gens se représentaient la mobilité du XXIe siècle peuplée de voitures volantes filant au-dessus des villes. En 2023, force est de constater que les transports ont pris un tout autre chemin. Alors que la suppression des distances avait été l'enjeu du XXe siècle à travers la démocratisation de l'avion et le développement du fret maritime, l'heure ne semble plus à la mondialisation et au « village global » (McLuhan). Bien au contraire, les enjeux du XXIe siècle se révèlent être à une toute autre échelle : celle du « dernier kilomètre » et des mobilités locales, qui prennent une importance capitale face aux crises énergétique et environnementale.

Dans ce contexte, la 5G apparaît comme un élément clef du changement de logiciel que nous connaissons dans ce domaine. Pour une plateforme de mobilité comme G7, l'apport des innovations technologiques ne date pas d'hier. Le secteur des transports est en effet révolutionné depuis plusieurs années par l'explosion des appareils connectés, qu'ils soient embarqués dans les véhicules ou tout simplement dans les mains de nos usagers. L'essor du Big data, c'est-à-dire de grandes volumétries de données à la fois véloces et dynamiques, a déjà commencé à faire de notre activité une mobilité « connectée ». La 5G permettra de passer à une étape supérieure à la fois en perfectionnant les solutions existantes mais également en ouvrant des perspectives inédites de synergie avec la ville intelligente, au niveau local. C'est la 5G qui nous permettra de remettre, pour ainsi dire, la mobilité au milieu du village.

Pour les acteurs du secteur, le déploiement de la 5G doit donc être appréhendé comme un nouveau virage technologique comportant des risques comme de nombreuses opportunités. Les acteurs qui ne sauront pas s'adapter ne bénéficieront pas des nouvelles fonctionnalités à disposition pour innover, renforcer la qualité de l'offre ou même se positionner sur de nouveaux services en lien avec la ville intelligente.

La 5G, un gain pour tous les acteurs traditionnels de la mobilité

Du point de vue du dirigeant que je suis, le déploiement d'une couverture 5G va contribuer à trois objectifs que G7 poursuit depuis longtemps : améliorer la performance des plateformes de mobilité, le travail des chauffeurs et l'expérience des usagers.

Pour une plateforme de mobilité dont le rôle est de mettre en relation des taxis et des clients, la technologie a toujours été centrale. Dès 1996, G7 équipe ainsi ses taxis de GPS qui lui permettent de les suivre en temps réel. L'activité se rapproche presque de celle d'un opérateur téléphonique : nous avions alors des antennes partout dans Paris qui nous permettaient de répartir les voitures (le « dispatch ») non plus par des indications orales mais selon des critères de proximité entre le taxi et le client. Ce progrès décisif nous a conduit, comme d'autres plateformes similaires ailleurs dans le monde depuis, à développer notre propre réseau télécom à Paris. Depuis lors sont apparues plusieurs générations de télétransmission publique : la 5G n'est que l'aboutissement d'un processus de perfectionnement de ces réseaux qui nous avaient permis, hier déjà, de bénéficier d'une vitesse de communication exponentielle avec la possibilité d'avoir des terminaux dans les voitures. Les progrès du réseau entraient en synergie avec les progrès des terminaux embarqués, qui bénéficiaient alors de microprocesseurs toujours plus rapides, plus miniaturisés et à un coût toujours plus bas. S'adossant désormais à des réseaux devenus publics, G7 a bénéficié à partir de la 3G de la révolution du smartphone avec l'installation d'une application G7 Premium complémentaire des PC embarqués. Mais tout cela n'aurait pas été possible sans la 3G puis la 4G.

Aujourd'hui, l'augmentation des flux de données accélèrent les gains de performance qui en découlent et profite aux acteurs de la mobilité et, par ricochet, aux chauffeurs – qui bénéficient de plus de courses – ainsi qu'aux usagers – qui disposent de plus de taxis disponibles. Car sans la vitesse de transmission actuelle, on ne pourrait pas gérer près de 14 000 taxis de manière soutenable. Les acteurs ont dû s'adapter à cette nouvelle donne : l'antenne radio sur le toit de notre immeuble de Clichy ne fonctionne plus depuis longtemps ! Soucieux de la qualité de service et de la fiabilité du réseau qu'elle requiert, nous avons fait le choix de nous appuyer sur les opérateurs télécoms – Orange et Bouygues. Et cette stratégie a payé puisque l'on est aujourd'hui capable de valoriser un nombre exponentiel de données et de gérer les positions GPS de plus de véhicules en permanence et en simultané. L'avenir sera donc de continuer dans cette direction en s'appuyant encore davantage sur des infrastructures technologiques nous permettant de gérer une quantité toujours plus grande de données ; en d'autres mots, la 5G c'est la clé de la croissance.

Le chauffeur aussi va en profiter. L'une des principales problématiques d'un taxi, c'est d'avoir des délais d'approche plus précis afin de maximiser son temps sur la route, avec le plus de clients possible à bord de son véhicule, sachant qu'un chauffeur ne peut pas travailler plus de 11h par jour d'après la règlementation parisienne. Chaque chauffeur a donc intérêt à voir ses délais d'approche le plus optimisé possible. Avec plus de données de circulation précises, et demain grâce aux objets connectés (feux rouges, chaussées connectées etc.) dotés de capteurs, on aura accès à un foisonnement de données qui vont nourrir la business intelligence afin d'optimiser ces 11 heures de travail. Chacun va bénéficier des données des 10 000 chauffeurs parisiens calculées en temps réel grâce à la 5G. En bref, les taxis vont affiner leurs circuits et maximiser leurs recettes. Bien entendu, la 5G aura d'autres usages. D'ores et déjà, les chauffeurs profitent de leurs terminaux connectés et de réseaux wifi embarqués. Ils bénéficient en effet de deux fonctions chez G7 : le dispatch de courses (relié au centre d'appel) et un réseau wifi individuel – 75 % de la flotte en est équipée. Celui-ci sert pour le passager mais aussi pour le chauffeur, qui est un gros consommateur de data entre deux courses, soit pour utiliser des logiciels de déplacement, soit pour un usage récréatif. Au total, chaque chauffeur a consommé près de 128 Giga Octets de données en 2022. La 5G apportera donc également un confort pour tous ces usages périphériques au dispatching à proprement parler.

Le dernier protagoniste qui bénéficiera de la 5G, c'est le client transporté. On supporte de moins en moins d'attendre dans un monde où l'information va de plus en plus vite. Ce besoin de connectivité, G7 l'a pris en compte en proposant des kiosques numériques dans les hotspots des taxis et, demain, la 5G va supprimer beaucoup de petits temps d'attente qui demeurent aujourd'hui lorsque l'on commande depuis son smartphone. Pour une clientèle premium, ce gain de temps sera une valeur ajoutée indéniable.

Au regard de ces trois enjeux, les acteurs traditionnels de la mobilité devront investir encore davantage dans la technologie. Les acteurs du secteur devront investir pour garantir cette rapidité de service qui va progressivement devenir le standard pour nos clients. En 2023, l'informatique sera le premier poste de coûts de G7 avec plus de 100 informaticiens. Ceux qui ne pourront pas suivre ces innovations, qui n'en tireront pas tous les bénéfices vont immanquablement perdre des parts de marché à l'heure où s'accélère la ville intelligente et l'Internet des objets (IoT) urbain.

À ville intelligente, mobilité intelligente

Si la 5G va conduire les services de mobilité à se réinventer, elle va également révolutionner les structures physiques sur lesquelles ils opèrent. A l'heure des smart cities, ou villes connectées, on assiste à un mouvement d'interconnexion croissant non plus seulement entre les individus (via leurs smartphones) mais également entre les objets. Cet « internet des objets », bien connu dans le secteur de la domotique, avec des assistants vocaux désormais bien implantés, comporte un potentiel gigantesque pour le secteur de la mobilité. À condition d'avoir un réseau télécom robuste comme celui de la 5G, cette « chaussée 4.0 » sera en effet de plus en plus intelligente : des panneaux modulant automatiquement le message affiché au feu rouge interactif qui modulera le temps d'attente en fonction de l'affluence, les nouvelles signalétiques vont bouleverser la conduite et, par conséquent, toutes les professions consistant principalement à conduire un véhicule, notamment en ville. Par exemple, un feu rouge connecté permettra sûrement, d'ici quelques années, d'échanger spontanément des données avec les véhicules afin de gérer leur ralentissement, tout en détectant dans le même temps d'éventuels piétons par la présence de leur smartphone ou tout simplement de caméras intelligentes. Cette nouvelle connectivité, qui nécessite la fiabilité et la vitesse de la 5G, pourra donc permettre d'éviter des accidents comme ceux que l'on voit aujourd'hui sur des voitures autonomes lors des tests de certains constructeurs américains.

Dans ce nouvel environnement, les « rois de la chaussée » seront donc ceux qui sauront comprendre et utiliser les premiers toutes les potentialités de la ville intelligente. On le voit bien aujourd'hui, de nouveaux modes de transport émergent pour combler le « dernier kilomètre » : vélos, trottinettes électriques, et même « gyroroues », les routes sont de plus en plus partagées entre des usagers hétérogènes. Il y a quelques années, 40 % des Parisiens avaient une voiture ; c'est aujourd'hui 30 %. Ce développement des mobilités dites « douces » et du free-floating ont du sens pour réduire notre empreinte carbone. Mais il soulève de nouveaux enjeux. Il faut pouvoir localiser les trottinettes ou les voitures en libre-accès par exemple, tant côté consommateur qu'opérateur, lequel doit savoir en permanence où se trouve son véhicule et dans quel état. Il faut également règlementer ces nouveaux modes de transport afin d'éviter l'anarchie de la chaussée. Il y a eu 3 morts et 459 blessés en trottinette à Paris, en 2022 ! La 5G et les véhicules connectés pourraient fortement contribuer à régler ces nouveaux enjeux et, par la suite, à concilier mobilité verte et impératifs de gestion du parc et de la sécurité des usagers.

Chaussée intelligente versus voiture autonome : préférer le dialogue au mode automatique

Bien sûr, l'un des arguments souvent mis en avant pour le développement de la 5G est qu'elle permettra, demain, le déploiement de voitures dites « autonomes ». La 5G offre naturellement toutes les propriétés nécessaires à un tel projet, tant sur le plan de la fiabilité que du débit que requièrent de tels véhicules. Mais le développement de la 5G dans la mobilité ne doit surtout pas dépendre uniquement de celui de la voiture autonome : la 5G apportera en effet d'énormes avancées bien avant la sortie de la première voiture autonome.

Aujourd'hui, les acteurs en pointe sur le sujet travaillent surtout à entraîner des algorithmes d'intelligence artificielle en leur faisant prévoir le maximum de scenarii sur la route. Mais c'est une courbe asymptotique : une IA ne pourra jamais connaître toutes les situations au monde, et il y a aura fatalement un jour des accrochages causés par une voiture autonome. Ce à quoi on pourrait répondre que nous aurons malgré tout moins d'accidents qu'aujourd'hui. L'humain doit rester maitre du véhicule et il me semble que nos sociétés ne sont pas prêtes à accepter de laisser le volant exclusivement à un robot ou à un logiciel.

Plus prometteuse à mon sens est la perspective d'un environnement ultra-connecté grâce à la 5G, où le piéton communique en permanence sa position GPS avec les véhicules aux alentours pour éviter les accidents. Cela implique, pour tendre vers le zéro accident, de croiser beaucoup plus de données qu'actuellement – données GPS, images issues des caméras augmentées mais également données radar de haute qualité via la technologie Lidar, qui complètent l'image pour avoir une meilleure fiabilité. La 5G permettra le développement des systèmes de secours interconnectés qui supposent de transférer et de traiter les données à la vitesse de l'éclair. Demain, on pourrait ainsi intégrer un vecteur de vitesse aux trottinettes, vélos et voitures pour extrapoler leur position en temps réel et savoir si le véhicule doit freiner ou pas sur la Place de l'Etoile. On aura tous les avantages de la technologie sans les risques soulevés par une conduite autonome dont bien des questions éthiques restent en suspens, sans compter le flou juridique quant aux responsabilités de chacun. En d'autres termes, si la une voiture peut parler avec le semi-remorque qu'elle s'apprête à croiser, il n'y aura plus d'accident.

Naturellement, la 5G couplée à une chaussée connectée permettra d'amplifier les progrès que l'on connaît depuis quelques années en matière de fluidification du trafic. Des feux intelligents connectés en temps réel aux véhicules permettront par exemple une meilleure optimisation du trafic, a fortiori si des applications comme Waze, qui dépendent aujourd'hui de la collaboration entre usagers, parviennent à recueillir les données de la route.

De nouvelles interactions inattendues

En résumé, la 5G est l'avenir des mobilités moins parce qu'elle permet l'avènement d'une voiture autonome dont le cadre éthique parait très incertain que pour faire décoller l'Internet des Objets (IoT) nécessaire pour une mobilité plus connectée, inscrite dans la ville intelligente. A cet égard, nous n'en sommes qu'aux prémices des transformations qui vont toucher les transports grâce à la 5G. L'ampleur de la transition environnementale nécessitera d'électrifier non seulement le parc automobile mais également ces nouveaux outils connectés. De nouvelles synergies sont peut-être à prévoir de ce côté-là : dans un monde où chacun recharge sa voiture électrique chez soi, la batterie de notre véhicule ne pourrait-elle pas servir à optimiser la gestion des réseaux électriques des habitations ? Là encore, le partage hyper rapide de données entre véhicule, maison (et donc chauffage) connectée et peut-être demain distributeur d'énergie pourra déboucher sur de nouveaux usages innovants. Il ne faut donc pas penser la mobilité isolément des autres secteurs, ni les autres secteurs isolément de la mobilité : la connectivité quasiment sans limite de la 5G doit nous conduire à penser tous ces enjeux de concert.

Retrouvez les points forts du chapitre
« Mobilité connectée : la 5G,
accélérateur de particules de la “smart mobility” »
de Nicolas Rousselet
en scannant ce QR Code :

6

De la 5G, de la réalité virtuelle et des expériences ultra réalistes : bienvenue dans le futur du divertissement

Christian Bombrun, Directeur des Services Digitaux du Groupe MTN

Depuis près de trente ans, les secteurs de l'*entertainment* et celui des communications électroniques se sont nourris mutuellement : que ce soit le lancement des offres satellites dans les années 1990, avec TPS et Canalsat en 1995-1996, les réseaux terrestres numériques (TNT) ou, plus récemment, le développement de l'IPTV, c'est-à-dire l'accès aux chaines de de télévision via Internet, les innovations des télécoms ont entraîné dans leur sillage un essor considérable dans le secteur des media et du divertissement. Le nombre de chaînes de télévision a explosé entre les années 1990 et 2000, la qualité d'image et de son a été décuplée tandis que, dans le même temps, de nouveaux services et formats de media ont vu le jour. Ainsi dans la vidéo, où la télévision de rattrapage et la vidéo à la demande ont profondément bousculé les pratiques de consommation, mais aussi dans les jeux ou dans la musique avec l'apparition du streaming audio. Ces nouveaux services ont, en retour, généré des revenus permettant de financer directement ou indirectement les technologies sous-jacentes. Depuis près de trente ans, ce cercle vertueux dans lequel la technologie crée les innovations qui elles-mêmes financent ensuite la R&D s'est ainsi fait au bénéfice du consommateur.

Dans ce contexte, le déploiement de la 5G apparaît pour moi comme la prochaine étape de ce cycle vertueux ayant fait ses preuves par le passé. La 4G avait déjà ouvert la voie à une première révolution : celle de l'explosion de la vidéo sur les mobiles, que ce soit les vidéos à la demande mais aussi les contenus live. Aujourd'hui, plus de 75 % de la consommation vidéo en ligne passe par les téléphones portables, pour près de 26 minutes de consommation vidéo en moyenne par jour par personne[1], devenant de facto la nouvelle norme : il y a désormais plus de contenus chargés en ligne en 30 jours que de programmes diffusés par les principales chaînes américaines en 30 ans[2]. Dans ce nouveau paradigme, les grands réseaux sociaux se sont taillés la part du lion. Plus de 500 heures de vidéos sont téléchargées chaque minute seulement sur YouTube, sans compter la progression exponentielle de Snapchat et TikTok[3]. En 2021, près de 83 milliards de jeux mobiles ont été téléchargés sur smartphones[4]. Dans le même temps, plus de deux utilisateurs de smartphones sur trois écoutent de la musique en streaming tous les jours[5].

Face à cette explosion des usages, les réseaux 4G vont rapidement atteindre leurs limites dans leur capacité à acheminer ces contenus. La 5G doit tout d'abord permettre, à court terme, de répondre aux enjeux capacitaires de la 4G en permettant au

1. Global video on demand daily view time, by device 2022 | Statista
2. https://techjury.net/blog/video-consumption-statistics/#gref
3. https://www.oberlo.com/blog/youtube-statistics
4. https://www.blog.udonis.co/mobile-marketing/mobile-games/mobile-gaming-statistics
5. 68% of Smartphone Owners Stream Music Daily, Study Finds – Digital Music News
Most used devices for listening to music worldwide 2019 | Statista

plus grand nombre de continuer à consommer les services que nous connaissons avec la qualité actuelle. Mais la 5G devrait surtout, à moyen terme, contribuer à stimuler la créativité du secteur via de nouveaux contenus comme la réalité augmentée, la réalité virtuelle, faciliter la production de contenus et simplifier leur distribution.

Les bénéfices génériques de la 5G pour l'entertainment

Les apports de la 5G pour l'*entertainment* seront multiples au gré du déploiement des réseaux 5G mais aussi des téléphones compatibles avec cette technologie. Cette nouvelle génération de réseau mobile permet un téléchargement (download) 10 fois plus rapide qu'aujourd'hui, et jusqu'à 100 fois plus rapide demain avec la 5G SA ou 5G+ (Stand Alone, la version finale de la 5G, qui se déploiera progressivement), tout en accélérant la vitesse d'upload (chargement d'un contenu du téléphone vers le réseau) et le temps de réponse (ping). Plus réactive, la connexion 5G est plus fiable tout en ayant un usage plus efficient des batteries. Pour l'utilisateur, tout sera plus rapide, plus fluide, toujours disponible et avec une durée d'utilisation du téléphone plus importante.

La 5G, un levier d'amplification du streaming vidéo

La consommation de vidéo atteint depuis quelques années des niveaux records, notamment sur mobile puisque plus de 70 % des utilisateurs regardent des vidéos sur leur smartphone aujourd'hui. Mais la saturation proche du réseau 4G laisse entrevoir une dégradation de cette progression. Grâce à la 5G, le trafic mensuel par utilisateur pourrait encore décoller davantage et représenter 90 % du trafic 5G d'ici 5 ans, passant de 12 GB en 2019 à près de 85 GB en 2028[6].

La 5G apparaît dans ce contexte comme une technologie clef pour garantir la meilleure expérience utilisateur.

Avec la 5G, le téléchargement de film baissera par exemple de 7 minutes à seulement 6 secondes. En moyenne c'est un gain de temps de 2 minutes et 20 secondes par personne chaque jour pour le chargement de ses contenus de réseaux sociaux[7]. Au total, ce meilleur confort d'usage devrait faire croitre l'utilisation des services et augmenter la qualité et la quantité de contenus disponibles.

Outre la garantie d'une qualité vidéo sans équivalent (définition d'image en Ultra Haute Définition UHD 4K), la 5G permettra de nouveaux usages comme la capacité à télécharger un film à la dernière minute, par exemple juste avant de prendre l'avion.

Une meilleure fluidité est également à prévoir grâce à la disparition du *buffering*, c'est-à-dire du temps d'attente avant qu'une chaîne TV ou qu'un programme sur un service comme Netflix ne démarre. Si le *buffering* permet de garantir l'expérience utilisateur en diminuant les interruptions, il peut éga-

---

6. https://cloudblogs.microsoft.com/industry-blog/media/2020/07/20/5g-brings-a-new-vision-of-the-future-for-media-entertainment/ >
7. https://www.pcmag.com/news/5g-will-save-you-almost-24-hours-of-download-time-per-month >

lement se révéler gênant s'agissant de programmes en direct comme les matchs sportifs pour lesquels un décalage, fut-il infime, peut altérer le plaisir du direct. Avec la 5G, il n'est plus nécessaire et disparait quasi complètement.

Des premiers événements sportifs ont été couverts en UHD via la 5G, comme l'US Open par Ericsson. La 5G est une nouvelle alternative à la diffusion des chaines de télévision via la TNT comme l'est déjà l'IPTV (près de 60 % des audiences des chaines viennent de la diffusion IPTV). Côté éditeur de contenus, la 5G c'est aussi une meilleure optimisation de la bande passante et donc de plus grandes performances pour un coût de transport diminué.

La 5G, un levier de démocratisation des usages AR /VR

Au-delà des usages « classiques » de consommation vidéo, la 5G ouvrira la voie au développement de nouveaux types de loisir comme ceux de la réalité augmentée (augmented reality, AR) et de la réalité virtuelle (virtual reality, VR). Dans le premier cas, des accessoires comme des lunettes permettent d'ajouter des éléments visuels et interactifs à la réalité. Dans le second, l'utilisateur accède à un monde entièrement immersif, à 360 degrés, avec la faculté de porter son regard où on le souhaite et interagir avec le monde virtuel. La VR implique ainsi un casque de réalité virtuelle pour pleinement déployer ses capacités, qui peuvent concerner aussi bien le jeu vidéo que le visionnage de film. Demain, comme dans le film de Spielberg *Ready Player One*, de telles technologies pourraient être utilisées avec des dispositifs haptiques pour vivre de nouvelles expériences depuis chez soi, comme se rendre virtuellement dans une école ou voyager à l'autre bout du monde.

Toutefois, aussi bien la VR que l'AR rencontrent aujourd'hui des limites. Les casques sont lourds et onéreux, l'autonomie de la batterie est limitée, et la qualité des images n'est pas encore au rendez-vous, créant non seulement une déception mais aussi parfois des problèmes de nausée rendant parfois l'expérience désagréable. La 5G aura un apport critique dans la mesure où elle garantira une haute qualité d'image, une meilleure interaction entre utilisateurs, une plus grande réactivité des interfaces et des sensations mieux coordonnées avec l'image et le son. Au total, tout cela permettra de réduire les actuels effets secondaires de la VR grâce à l'absence de latence, notamment si la 5G s'articule avec le développement du *edge computing* (c'est-à-dire le traitement local et distribué des données).

De nombreux cas d'usage concrets offrent des perspectives enthousiasmantes sur le couple 5G/réalité virtuelle. Un exemple à relever est la retransmission d'événements exceptionnels en live, grâce à la 5G et à la réalité augmentée. Au moyen de caméras 5G disséminées dans un stade, on pourra retransmettre en live sur des casques virtuels une expérience immersive complète d'un spectateur de match sportif, d'une salle de concert ou encore d'un théâtre. Une telle expérience a déjà été menée à bien lors du Super Bowl 2022, pour lequel Verizon a équipé le SoFi stadium. Les spectateurs à distance ont ainsi pu disposer des places de leur choix dans le stade tandis que la production gagnait en efficience grâce aux caméras connectées, qui permettent de faire l'économie des nombreux câbles traditionnels.

Mais la réalité virtuelle ne fera pas que révolutionner les stades et les salles de concert, elle transformera également le tourisme en permettant, grâce à la 5G, de voyager sans se déplacer. C'est d'ores et déjà le cas avec la possibilité ouverte par certains lieux culturels de faire des visites en réalité augmentée, via des vidéos interactives ou un lieu reconstitué en VR.

Ces usages se sont nettement accélérés depuis le Covid-19 et devraient s'étendre encore avec le besoin croissant de voyager différemment, tant pour des raisons environnementales que financières. Si les musées sont les premiers à développer de telles expériences immersives, la 5G permettra demain d'imaginer des expériences live à distance. Imaginez-vous à bord d'une Jeep de safari dans une réserve naturelle à l'autre bout de la planète, depuis votre salon !

La 5G permet aussi des expériences immersives pour améliorer l'expérience sur les sites eux-mêmes : Augmented City, projet développé par l'agence 9B+ et Orange, est une application mobile de « réalité hybride » de visites culturelles et patrimoniales, qui propose des vidéos explicatives en streaming au fil des visites dans le monde réel, qui s'affichent en regardant les monuments / œuvres depuis son smartphone.

De nouvelles gammes d'expérience permises par la 5G et améliorant l'AR et la VR sont également à prévoir à l'avenir : nouvelles générations de lunettes et de casques, plus légers, plus ergonomiques, affichages holographiques et contenus 3D, et même dimension tactile avec le port de vêtements haptiques. Par exemple, la start-up française Immersiv.io crée des expériences immersives dans le domaine du sport et de l'e-sport par la réalité augmentée, le machine learning et la « vision par ordinateur » (computer vision), à la fois sur mobile et via des lunettes intelligentes. Le concept est proposer aux spectateurs une nouvelle forme de spectacle sportif en leur permettant d'afficher des statistiques en temps réel comme la vitesse, le nombre de passes réussies ou encore les kilomètres parcourus.

Bien sûr, le seul développement de la 5G ne suffira pas à faire décoller ces usages. Mais ses propriétés permettront des avancées dans d'autres champs comme l'Intelligence Artificielle. On peut ainsi imaginer qu'une IA sera demain capable d'analyser en temps réel des contenus médias chargés via la 5G, et adapter ainsi l'expérience restituée. Cela peut revêtir une importance toute nouvelle à l'heure où les modèles de traduction automatique voient le jour et où l'Union européenne entend davantage contrôler les contenus circulant sur les plateformes et les réseaux sociaux via le Digital Services Act.

L'opérateur Orange a développé avec la start-up Touch2See une expérience de retransmission d'événements sportifs utilisant la 5G, l'IA et une tablette tactile avec un disque magnétique, qui permet à un malvoyant de suivre par le toucher ce qui se passe dans le stade.

La 5G, une infrastructure cruciale pour de nouvelles expériences de jeu

Le domaine dans lequel l'arrivée de la 5G est peut-être la plus attendue est l'univers du gaming. Depuis le phénomène Pokémon Go, qui atteint 1 milliard de revenus annuels à son pic, le « mobile gaming » a connu un véritable boom qui pourrait encore s'accentuer avec le déploiement de la 5G.

La 5G contient en effet un potentiel énorme pour les jeux en réseaux, très sensible aux problèmes de latence (« lags ») puisque la moindre milli seconde de décalage peut avoir de grandes conséquences dans un jeu multijoueur comme Fortnite. Aujourd'hui, disposer d'une connexion rapide constitue ainsi un avantage important pour le joueur. Un joueur en 4G est ainsi désavantagé s'il est en compétition avec un adversaire connecté à un réseau très haut débit fixe (fibre). Demain, la puissance de la 5G permettra d'égaliser la rapidité de connexion tandis que le network slicing (une des technologies spécifiques à la 5G, qui permet de mieux gérer ce qui circule sur le réseau) ouvrira la possibilité au réseau de reconnaitre les joueurs et de prioriser certains jeux sur d'autres usages moins sensibles aux problèmes de latence.

La 5G permettra également le décollage de ce qu'on appelle le « cloud gaming », c'est-à-dire des jeux qui se jouent sur smartphone mais qui sont en réalité supportés par des ordinateurs ou des consoles à distance. Les ressources sont ainsi externalisées, ce qui permet d'avoir des jeux de meilleure qualité sur les mobiles en rapprochant les capacités des jeux mobiles du monde des consoles. C'est ce que permet par exemple MTN avec son portail de cloud gaming MTN Arena 5G en Afrique du Sud[8].

Demain nous verrons l'arrivée de des jeux complètement interactifs grâce à cette puissance de calcul dans le nuage mais accessible sans latence via la 5G.

De manière assez logique, la 5G va enfin booster la pratique de l'e-sport. Les joueurs professionnels pourront béné-

8. Emerge and MTN launch Game Streaming Service – StreamPlay Studio Limited (ASX:SP8) – Listcorp.

ficier de meilleures conditions de jeu en mode multi player et surtout bénéficier de temps de latence égalisés. D'ores et déjà Vodafone et ESL ont lancé un tournoi en ligne sur mobiles, le Vodafone 5G ESL Mobile Open, qui fut le premier de cette ampleur à être joué en live sur un réseau 5G.

La 5G, un levier de modernisation de la production audiovisuelle

Dans un monde connecté 5G, la vitesse de transmission bouleversera l'information : les reportages filmés sur le terrain remonteront vers les rédactions en un temps record et avec une grande fiabilité, les itérations verront leur coût diminuer, et la qualité des images transmises sera incomparable.

La couverture de grands événements par une nouvelle génération de caméras connectées à la 5G sera incontestablement une petite révolution dans le monde de la production. Elles permettront de synchroniser la captation en temps réel sans passer par des câbles et, par conséquent, d'avoir une régie à distance. De telles caméras pourront être pilotées à distance depuis la régie, garantissant une coordination optimale des prises d'image. L'hélicoptère emblématique du Tour de France pourrait ainsi être complété par des caméras connectées placées au bord de la route afin de garantir une absence d'interférence et de moindres coûts de production[9].

9. https://tmc-employeneurship.com/fr/articles/the-impact-of-5g-on-the-television-industry >

La 5G, un stimulateur de créativité dans les contenus

Si la 5G va considérablement moderniser la production audiovisuelle professionnelle, elle aura sans nul doute un effet démultiplicateur sur la création des contenus. La dynamique exponentielle de ces derniers depuis l'essor des réseaux sociaux devrait ainsi se nourrir d'un réseau plus robuste, permettant de produire, éditer, partager davantage de contenus de meilleure qualité depuis son smartphone. Des services comme Instagram, Snapchat ou TikTok, de plus en plus gourmands en bande passante, pourraient ainsi inventer de nouveaux formats comme des projections holographiques – à condition que les terminaux évoluent également en ce sens. Si la 4G ne faisait que moderniser l'existant, la 5G ouvre la porte à des types de contenus complètement nouveaux.

Une révolution pour l'industrie des médias

Face à de tels changements, la 5G pourrait bien constituer une nouvelle vague de disruption pour les acteurs des médias. D'une part, une meilleure connexion pourrait fluidifier l'expérience utilisateur de plateformes de streaming comme Netflix. Mais d'autre part, la capacité à offrir des programmes en direct de grande qualité et sans latence peut également redonner des couleurs à la télévision traditionnelle et lui permettre de reprendre de la part d'usage sur la vidéo à la demande. Ce nouveau focus sur le live, l'instantané pourrait être une opportunité pour les acteurs historiques des médias comme les TV alors même que la 5G permettra dans le même temps l'arrivée de nouveaux acteurs. Meta a par exemple déjà investi massivement dans la réalité virtuelle et le métavers ; mais pour quel succès à l'heure actuelle ?

Moins visible, le marché publicitaire sera également un élément clef bouleversé par l'apparition de la 5G. Le développement de contenus interactifs ouvre la voie à de l'hyper-personnalisation, des publicités mieux ciblées pour les *broadcasters* et un meilleur engagement de l'audience grâce à une plus grande génération de données. La 5G pourrait ainsi faire exploser le marché de la publicité sur mobile avec un marché estimé à 178 milliards de dollars dans le monde en 2028[10].

L'ensemble de ces innovations débloquées par la 5G devrait contribuer à augmenter considérablement la taille du marché des médias et de l'*entertainment*. Avec la probable émergence de nouveaux *business models* permis par le *network slicing* (qui permettra de prioriser des contenus payants et de haute qualité), le marché des médias sur mobile passerait de 170 milliards en 2018 à 420 milliards en 2028. C'est simple : les revenus issus de la 5G vont dépasser ceux de la 3G et de la 4G dès 2025 dans le monde. Certains chiffres donnent le vertige, comme ce rapport commandé par Intel qui prédisait en 2018 que les revenus générés grâce à la 5G par l'industrie des médias s'élèveraient à 1 300 milliards de dollars d'ici 2028[11], tirés notamment par l'essor de la réalité augmentée et virtuelle. Sans être aussi optimiste, il est raisonnable de s'attendre à une progression de l'ordre de plusieurs centaines de milliards de dollars du marché sur les prochaines années.

10. https://cloudblogs.microsoft.com/industry-blog/media/2020/07/20/5g-brings-a-new-vision-of-the-future-for-media-entertainment/ >
11. https://blogs.oracle.com/oracle-communications/post/the-5g-era-entertainment-evolution

Finalement, du streaming au jeu vidéo en passant par la réalité augmentée, je suis convaincu que la 5G va révolutionner le secteur de l'*entertainment*. Si la 4G n'avait fait qu'améliorer les réseaux existants, la 5G permettra des usages inédits permis grâce à sa latence quasi-inexistante et sa capacité à mieux connaitre et gérer les contenus qu'elle diffuse. La 5G pourrait ainsi changer le paysage des médias non seulement par l'augmentation de la consommation de contenus mais aussi par les nombreuses innovations qu'elle créera côté production et création. Soyons honnêtes, si le champ des possibles est gigantesque et bien audacieux, l'essentiel des innovations reste à inventer On peut être optimiste, «*content is king*»: si la technologie est au service des créateurs, la qualité éditoriale, créative, artistique restera le facteur essentiel et déterminant dans l'avenir des médias, et le monde reste très riche en créateurs de tout bord.

L'avenir, c'est la 5G !

Retrouvez les points forts du chapitre
« De la 5G, de la réalité virtuelle et des expériences
ultra réalistes : bienvenue dans le futur du divertissement »
de Christian Bombrun
en scannant ce QR Code :

7

La 5G, du monde clos à l'univers infini ?

Minggang Zhang, Directeur Général Adjoint de Huawei France

Dans son célèbre ouvrage de 1957, l'historien et philosophe des sciences Alexandre Koyré décrivait comment le passage de la conception médiévale du monde clos à la conception moderne de l'univers infini, permis grâce aux travaux de Galilée, Kepler, ou encore Newton, avait entraîné un changement radical allant bien au-delà du microcosme scientifique. Aussi étonnant que cela puisse paraître de prime abord, la 5G aura sans doute une incidence comparable à celle de la Révolution scientifique : de l'industrie 4.0 à la santé en passant par les mobilités ou l'*entertainment*, cette nouvelle connectique est d'ores et déjà la pierre angulaire de bon nombre d'innovations de rupture qui n'en sont qu'à leurs balbutiements à l'instar de l'Internet des Objets ou de l'intelligence artificielle. C'est du reste ce que soutenait un article de la MIT Technology Review dès 2017 en comparant l'arrivée de la 5G au passage « de la machine à écrire à l'ordinateur »[1].

Dans ce dernier chapitre, je voudrais ainsi soutenir que la 5G apporte des propriétés critiques pour un nombre croissant

1. Citée par la Fondation Concorde, 2020, « La 5G : prendre le virage du monde d'après »

de domaines sans qu'il soit aujourd'hui possible de les prévoir toutes. En d'autres termes, ce livre aurait pu comporter deux ou trois fois plus de contributeurs que nous n'aurions pas encore épuisé le champ des possibles ouvert par la 5G. Certaines applications encore émergentes nous semblent toutefois devoir être mentionnées non pour ajouter tel ou tel secteur à la longue liste des innovations permises par cette nouvelle technologie, mais au contraire pour illustrer le caractère dynamique de l'univers en expansion qui s'ouvre devant nous.

Les trois apports critiques de la 5G

Au-delà de ses applications sectorielles et du point de vue du spécialiste de technologies télécoms que je suis, la 5G dispose de trois propriétés critiques qui la distinguent radicalement des infrastructures du passé : le débit, la latence et la capacité de connexion.

S'agissant du débit, la 5G offre des vitesses de transfert de données jusqu'à 20 fois plus rapides que l'actuelle 4G. Les utilisateurs pourront transmettre des images et vidéo de très haute qualité. Mais plus encore que les particuliers et par contraste avec l'apparition de la 4G, ce sont les professionnels qui bénéficieront le plus des potentialités ouvertes par ce saut quantitatif. De nouveaux usages nécessitant aujourd'hui des débits excessifs seront demain rendus possibles, avec à la clef un ensemble de ruptures qu'il est impossible à toutes répertorier.

La 5G offre ensuite une latence beaucoup plus faible, rendant possible la transmission de données quasiment instantanément. Le temps de réponse, aujourd'hui estimée entre

70 et 30 ms, atteindrait avec la 5G les 4 ms voire 1 ms pour les applications les plus critiques du système médical ou encore pour la conduite autonome !

La 5G garantira enfin une capacité de connexion 1000 fois supérieure à celle de la 4G actuelle, une propriété incontournable pour les objets connectés dont le nombre explose dans des secteurs aussi divers que la domotique, la ville intelligente ou la production industrielle. Le nombre d'objets connectés au kilomètre carré devrait passer de 1000 en 4G à 1 million en 5G. Cette dernière apparaît ainsi comme la condition *sine qua none* d'une connectivité améliorée, à l'échelle et pouvant supporter un nombre croissant d'objets connectés.

Débit, latence, capacité de connexion : grâce à ces trois caractéristiques, la 5G est une brique technologique cruciale pour l'innovation de rupture dans tous les secteurs de l'économie.

Des potentialités encore inexplorées

Si les potentialités de la 5G restent donc largement à découvrir, des usages emblématiques commencent déjà à émerger et dessinent les contours de ce que pourrait être l'économie de demain. Le secteur le plus révolutionné par les technologies « 5G-driven » sera sans doute l'industrie manufacturière, dans laquelle on observe déjà une réduction des coûts de l'ordre de 30 %. La transformation des outils numériques rendue possible par la 5G permet une meilleure qualité de gestion de la production et des capacités de supervision décuplées. Le développement des QR codes et la connectivité des chaînes de production débouchent sur une traçabilité sans équivalent lorsqu'elles s'appuient sur des bases de données à l'état de l'art. De quoi maîtriser, par exemple, les risques sanitaires dans l'industrie agroalimentaire et améliorer plus généralement la résilience des systèmes de production. Mais nous n'en sommes qu'à l'aube de ces transformations qui, demain, pourront s'appuyer sur la fiabilité de la 5G pour des tâches d'hyper-précision nécessitant 99,9 % voire 99,999 % de performance – autant de cas d'usage encore inimaginables faute d'infrastructure 5G SA pleinement déployée pour des projets industriels.

La 5G bouleversa également des domaines qui nous semblent à première vue éloignés des enjeux des nouvelles technologies. Ainsi, dans le port de Tianjin en Chine, une technologie de conduite sans pilote a été associée à des scénarios commerciaux pour améliorer la rotation des conteneurs et rendre le port plus efficace. Concrètement, l'automatisation a permis d'éliminer les accidents mortels et de supprimer certaines conditions pénibles des personnels. Les conducteurs de grues, par exemple, devaient parfois travailler 8 heures d'affilées pour minimiser le temps passé à monter ou descendre de la machine. Avec la 5G, les grues sont pilotées par les conducteurs depuis la salle de contrôle. De fait, les gains sont immenses : la programmation intelligente a amélioré la capacité de manutention de 10 à 20 % sur les 8 ports totalement automatisés en Chine, tout en élevant la productivité générale en requalifiant des cols bleus en cols blancs davantage tournés vers la maintenance des systèmes.

De même, en Thaïlande cette fois, l'Hôpital Siriraj – le plus grand du pays – a utilisé la 5G pour installer des applications de pointe telles que la livraison de médicaments par des véhicules sans pilote, des ambulances connectées et des salles d'urgence alimentées par la 5G. A la clef, une meilleure performance des services de santé : par exemple, l'équipement d'ambulances connectées permet désormais aux ambulanciers de prodiguer les premiers soins aux patients grâce à une liaison en temps réel avec les médecins urgentistes. Un an après les premières expérimentations, le taux de mortalité sur les premières 24 h a diminué de 50 % aux urgences de cet hôpital de Bangkok. De telles pistes sont également explorées plus près de nous, en France, où des systèmes d'échographie robotique à distance sont étudiés par une entreprise comme AdEchoTech, partenaire industriel de Huawei installé à Vendôme dans le Loir-et-Cher. Faire une échographie à distance peut soulager la tension des déserts médicaux en même temps réduire drastiquement l'émission des CO2 en limitant les trajets en voiture des patients.

Un avenir encore vierge, un écosystème à construire

Loin d'être une simple innovation, la 5G va donc jouer le rôle d'une technologie habilitante horizontale pour un nombre de verticales *a priori* illimité : la quantité de bande passante ouvrira de nouvelles perspectives en matière de services, la faible latence sera particulièrement déterminante pour la médecine et les transports tandis que la généralisation de l'Internet des objets engendrera des gains de productivité et des réductions de coûts dans tous les domaines.

D'un point de vue économique, l'infrastructure 5G correspond à mon sens à une « technologie d'usage général », pour reprendre les termes de certains économistes de la croissance.

Loin d'avoir un impact local, sectoriel, elle a vocation à créer des synergies avec d'autres innovations de rupture dont certaines sont déjà connues – robotique, intelligence artificielle, jumeaux numériques – mais d'autres ne le sont pas encore.

En ce sens il faut s'attendre, dans les pays qui ont fait le choix de s'équiper de réseaux 5G, à des effets en chaîne considérables. Le cadre schumpétérien classique qui attribue l'innovation à un « éclair d'intuition géniale » de la figure de l'entrepreneur devra sans doute être amendé en intégrant le rôle crucial de l'accès à une technologie habilitante comme un réseau 5G. Le plus brillant des entrepreneurs se verra immanquablement limité dans sa puissance d'innovation s'il ne dispose pas d'une connectique puissante, rapide et robuste. Mais contrairement à l'analyse de Schumpeter, je ne crois pas que la 5G produira une « destruction créatrice » mais bien plutôt une création tout court : création de valeur, création d'emplois plus qualifiés, moins pénibles, création de nouveaux services innovants. Le vrai différentiel qui pourra peut-être créer des perdants à terme ne se fera pas au sein d'une économie, mais entre les économies qui s'équiperont de telles infrastructures rapidement et les autres. Les pays qui ont commencé à s'équiper d'usines connectées 5G connaissent déjà un choc de productivité, comme certaines usines chinoises depuis 2019. Un effet boule de neige est à prévoir, tout comme hier les GAFAM ont réussi à prendre une avance considérable sur certains segments technologiques comme le Cloud ou certaines classes d'IA.

La 5G ne suffira toutefois pas à révolutionner l'économie et la vie en société à elle seule. C'est un changement de paradigme entier qu'il faut opérer, en favorisant la transformation des organisations via l'engagement de tous les écosystèmes. A cet égard, l'urgence environnementale pourrait être un moteur d'accélération de prise en main des possibilités ouvertes par la 55, et la 5G l'élément essentiel pour trouver des solutions aux crises que traverse notre planète.

Un rôle décisif dans l'enjeu du XXIe siècle : la transition environnementale

La prise en considération des enjeux climatiques n'est aujourd'hui plus un simple engagement éthique des entreprises. Internaliser les contraintes environnementales est devenu un impératif catégorique, non seulement pour la préservation des biens publics mondiaux mais également pour les acteurs économiques eux-mêmes confrontés à des problématiques d'inflation des coûts énergétiques et de résilience des chaînes d'approvisionnement. Dans ce contexte la 5G apparaît comme l'une des solutions structurantes pour atteindre nos objectifs environnementaux tout en évitant une « sobriété subie ».

Sur le plan de la seule infrastructure, c'est-à-dire sans même parler des cas d'usages qui l'utilisent comme brique technologique, la 5G consomme 20 fois moins que la 4G pour un même usage grâce à des antennes plus sobres en énergie. Mais c'est bien à l'aune des cas d'usage qu'elle permet qu'il faut mesurer la performance environnementale de la 5G. L'essor des capteurs intelligents et de la capacité de traitement de la donnée permettra demain une régulation beaucoup plus fine de la consommation énergétique, que ce soit dans la sphère privée comme dans le monde de l'entreprise. L'optimisation des réseaux va ainsi pleinement exploiter les trois aspects critiques de la 5G, comme il a déjà été question plus tôt dans cet ouvrage.

Un aspect moins connu et pourtant absolument décisif de la 5G consiste en son rôle clef dans la transition agricole. Face à l'appauvrissement des sols et à l'augmentation de la population mondiale, l'agriculture semble confrontée à un effet ciseau insurmontable. Faut-il produire plus, quitte à fragiliser l'équilibre des terres arables à moyen terme ou bien faut-il produire moins, quitte à créer une insécurité alimentaire et, par suite, potentiellement géopolitique ? La solution à ce dilemme pourrait bien être résolu par des technologies reposant sur la 5G. Ainsi, en Suisse, l'opérateur Sunrise, le centre d'excellence national pour la recherche agricole et Huawei ont construit la première ferme intelligente 5G du pays. L'utilisation de capteurs, de drones et de petits robots rendent plus efficace et plus propre l'exploitation agricole. Les résultats sont tangibles : diminution de 90 % de l'usage des herbicides, de 80 % pour l'usage des pesticides, et une utilisation des drones qui révolutionne la surveillance des champs. Un drone réalise en 30 minutes le travail de 60 personnes en un jour ! En 2021, un projet similaire a vu le jour avec Dronetech en Autriche, le projet « 5G Smart Farming ». En France, plusieurs start-up développent également des robots de désherbage mécanique contribuant à réduire la consommation de produits phytosanitaires tout en allégeant la pénibilité du travail agricole. Le réseau 5G permet d'améliorer le pilotage de telles machines en élargissant la bande passante, d'interconnecter les différents capteurs d'une exploitation et de fournir aux agriculteurs des outils connectés en temps réel via des terminaux comme des smartphones ou tablettes. Alors que la soutenabilité environnementale s'impose comme l'enjeu majeur des années à venir, il est crucial de digitaliser le plus vénérable métier du monde pour le rendre plus vert, plus sobre en énergie et plus durable pour les écosystèmes.

La 5G n'est pas une solution miracle : la sobriété passera également par l'essor de l'*edge computing* et de l'IA embarquée, avec des composants et des modèles moins gourmands en énergie. Mais la 5G sera l'une des pièces maîtresses d'une économie plus optimisée, en temps comme en ressources, permettant de surmonter certaines difficultés comme la capacité de stockage des données. Le développement de l'Edge computing et la recherche d'une meilleure connectivité ne sont donc pas à opposer mais sont au contraire en synergie. Car ces nouvelles technologies auront dans tous les cas besoin de transmettre de la donnée, comme par exemple lors de la phase d'apprentissage des algorithmes d'IA : la 5G sera l'autoroute sur laquelle l'information nécessaire à toutes ces innovations pourra circuler. Peu importe la destination ou la durée du trajet !

La 5G, c'est l'avenir

En résumé, la 5G ne doit pas être considérée comme une simple technologie parmi d'autres composant l'économie de demain. En tant que technologie habilitante, elle sera le catalyseur d'un ensemble d'innovations dont il serait bien prétentieux aujourd'hui d'affirmer l'ampleur demain. Tout comme à l'aube de la Révolution scientifique du XVIIe siècle, un monde se clôt et un nouvel univers se dessine sans que l'on en aperçoive encore les limites. La 5G est une composante qui permet de bâtir un futur mieux organisé, plus durable et plus efficace. En fournissant l'infrastructure nécessaire pour surmonter le hiatus entre performance économique et performance environnementale, elle est ce qui le rend possible : c'est bien en ce sens que la 5G, c'est l'avenir.

L'avenir, c'est la 5G !

Retrouvez les points forts du chapitre
« La 5G, du monde clos à l'univers infini ? »
de Minggang Zhang
en scannant ce QR Code :

LES AUTEURS DE DÉBATS PUBLICS

Françoise Adamsbaum
Directrice
Musée International des Arts Modestes (MIAM)

Yaële Aferiat
Directrice
Association Française des Fundraisers

Jean-Philippe Aka
Fondateur
AfricartMarket

Hervé Amar
Président
Ayming

Antoine Amiel
Cofondateur
Learn Assembly

Jean-Xavier Arnaud
Associé
Tilder

Julien Artu
Président
People Like Us

François Asselin
Président
Confédération générale des petites et moyennes entreprises (CPME)

Jacques Attali
Ancien conseiller spécial de François Mitterrand

André-Jacques Auberton-Hervé
Fondateur
Soitec

Fanny Auger
Fondatrice
The School of Life

Axelle Ayad
Fondatrice
Mapatho

Gilles Babinet
Cofondateur
Isotope Energy

Bertrand Badré
Fondateur
Blue like an Orange Sustainable Capital

Simon Baker
Directeur
Maison Européenne de la Photographie (MEP)

Hector Balas
Fondateur
Impala

Jérôme Ballarin
Président
Observatoire de la Qualité de Vie au Travail

Audrey Barbier-Litvak
Cofondatrice
Offishall

Marie Barrot
Fondatrice
AIM Prod

Agnès Bazin
Directrice du développement
Doctolib

Thierry Beaudet
Président
Conseil Économique Social
et Environnemental (CESE)

Anne-Sophie Beauvais
Vice-présidente et trésorière
Le Labo des histoires et le Labo
de l'écologie

Salomé Berlioux
Fondatrice
Chemins d'avenirs

Maribel Bernard
Présidente
Fondation d'entreprises Bergonié

Adrien Bisseliches
Associé
My Pop Up Store

Denis Blanc
Directeur général
Ayming

Phillip Blond
Directeur
ResPublica

Christian Bombrun
Directeur des Services Digitaux
Groupe MTN

Flore Bonnard
Fondatrice
Rezto

Anissa Bonnefont
Scénariste et réalisatrice

Bruno Bonnell
Secrétaire général pour
l'investissement
en charge de France 2030
Services du Premier ministre

Jean-Marc Borello
Président du directoire
Groupe SOS

Valence Borgia
Associée
Medici Law firm

Grégoire Borst
Professeur de psychologie
du développement
et de neurosciences cognitives
de l'éducation
Université Paris-Descartes

Vanessa Boudin-Lestienne
Directrice associée
WHO Talent Partners

Kat Borlongan
Directrice
La French Tech

Audrey Boulard
Fondatrice
Locatool

Vincent Bounes
Directeur
Samu 31

Kevin Bourgeois
Cofondateur
Supermood

Jérôme Bourreau
Fondateur
Anamnese

Nicolas Bouzou
Fondateur
Asterès

Nicolas Brien
Directeur Général
France Digitale

Tamara Brisk
Fondatrice
Mokki

Franck Bruel
Senior Advisor
Boston Consulting Group (BCG)

Jean-Martial Buisson
Avocat associé
Fromont Briens

Moussa Camara
Fondateur
Les Déterminés

Robert Cantarella
Metteur en scène
et réalisateur

Carolyn Carlson
Danseuse, chorégraphe
et poétesse

Louis Champion
Directeur
UI Investissement

Julie Chapon
Cofondatrice
Yuka

Thibaut Charmeil
Directeur général France
Ayming

Xavier Charpentier
Cofondateur
FreeThinking

Jean-Louis Chaussade
Special Advisor
Accuracy

Élisabeth Chevanne-Brunel
Présidente
Association Française des Coureures
Cyclistes

Marion Clignet
Présidente
Association Française des Coureures
Cyclistes

Paul-Adrien Cormerais
Fondateur
Pony

Mathieu Cornieti
Président
Impact Partners

Anne-Marie Couderc
Présidente du Conseil
d'administration
Air France-KLM

Professeur Charles Court
Chef de service chirurgie
orthopédique
et traumatologique
Hôpital Bicêtre

Thomas Courtois
Président
Nickel

Dadou Moano
Cofondateur
RefuHelp

Amy Dahan
Directrice de recherche
Centre national de la recherche scientifique (CNRS)

Julie Dautel
Cofondatrice
Eonef

François Davy
Président
Groupe Adecco

David De Faria
Directeur Pôle Médico-social
Association Régionale pour la Sauvegarde de l'Enfant, de l'Adolescent et de l'Adulte (ARSEAA)

Marie Degrand-Guillaud
Directrice générale déléguée
Nickel

Paul de Leusse
Directeur général adjoint
Orange

Martine Delbos
Directrice Générale
Pépinières Guillaume

Maxime Delmotte
Cofondateur
Balibart

Jean-Philippe Derosier
Professeur agrégé de Droit public
Université de Lille

Tanguy et Marine Desandre
Fondateurs
Maplaceencrèche

Didier Deschamps
Directeur
Chaillot – Théâtre national de la danse

Jean-Luc Domenach
Créateur
Université Tsinghua

Éric Dournès
Directeur
Groupe Créa-Sud Communication

Laurence Drake
Déléguée générale
InPACT

Mathieu Duquesne
Directeur de la stratégie
SNCF Logistics

Jean-Loup Durousset
Président
Fédération de l'hospitalisation privée (FHP)

Béatrice Eastham
Fondatrice
Green Evénements

Marie Ekeland
Fondatrice
2050

Caroline Eliacheff
Docteure en médecine, psychanalyste
et pédopsychiatre

Delphine Ernotte Cunci
Présidente
France Télévisions

Charlotte Euzen
Associée
Tilder

Paola Fabiani
Fondatrice
Wisecom

Domitille Fafin
Directrice des relations
institutionnelles
et de la communication
Shell France

Charlotte Fairbank
Championne de tennis fauteuil

Jean-François Fallacher
Directeur général
Orange Espagne

Mireille Faugère
Conseillère maître
Cour des comptes

Vanessa Feuillatte
Première danseuse
Opéra National de Bordeaux

Frédéric Fisbach
Codirecteur
Centquatre

Hubert Flichy
Senior counsel
Flichy Grangé Avocats

Françoise Forette
Présidente du Comité d'Orientation
Scientifique et Stratégique
International Longevity Centre (ILC)
France

Nicolas Froissard
Porte-parole et codirigeant
Groupe SOS

Jean-Baptiste de Froment
Conseiller technique pour l'éducation
du président de la République
Nicolas Sarkozy

Sophie Gaillet
Fondatrice
Grand-Mercredi

Marianne Gallardo
Project Manager
Engie

Mathieu Gallet
Fondateur
Majelan

Cristina Garmendia
Présidente
Fundación España Constitucional

Pierre Gattaz
Président
Medef

Julie Gayet
Actrice, productrice de cinéma
et réalisatrice française

Marie Georges
Présidente
Willa

Philippe Germain
Directeur
Ciclic Centre-Val de Loire

Philippe Girod
Président
Gouverneur Audigier

Ana Giros
Directrice Générale Adjointe
Equans

David Gordon-Krief
Associé
UGGC Avocats

Laurent de Gourcuff
Fondateur
Paris Society

Élodie Grimoin
Cofondatrice
Urban Canopee

Anne-Sophie Grouchka
Chief Operating
and Transformation officer
Allianz France

Isabelle Guichot
Directrice générale
Maje

Sophie Guillin
Directrice Générale
Groupe Guillin

Cécile Guillou
Directrice générale
Franprix

Khamsa Habouchi
Directrice adjointe
Centre Virchow-Villermé

Vanessa Hary
Fondatrice
Savonnerie des Intrépides

Paul Hatte
Président
Hatis

Nicolas Hazard
Fondateur
Inco

Christophe Heugas
Médecin biologiste
Laboratoire Biopyrénées

Anne Hidalgo
Maire de Paris

Caroline Hilliet Le Branchu
Directrice générale
La Belle-Iloise

Klaus Hommels
Fondateur
Lakestar

Martin Hook
Directeur général
Ayming UK

Tarek S. Hosni
Directeur général
Alvarez & Marsal

Sarah Huisman-Coridian
Associée fondatrice
Equanity

Thierry Jadot
Président
Dentsu Aegis Network France

Olivier Jaillon
Directeur général
Wakam

Henri Jeannequin
Directeur Général
Maison Marc

Patrick Jeantet
Directeur général
SNCF Réseau

Jean-Paul Julia
Directeur Général
Banque Populaire Bourgogne
Franche-Comté
et Pays de l'Ain

Nathalie Kaïd
Présidente
Sœurs d'encre

Marcel Kahn
Directeur général
Mutuelle d'assurance
des professionnels
de la santé (MACSF)

Nathanaël Karmitz
Directeur général
MK2

Élisabeth Kimmerlin
Présidente
Les Premières Occitanie

Frederik W. de Klerk
Prix Nobel de la paix 1993

Guillaume Klossa
Fondateur
EuropaNova

Gaspard Koenig
Fondateur
GenerationLibre

Alain Krakovitch
Directeur
SNCF Transilien

Arnaud de Lacoste
Directeur général
Sitel Group

Olivier Lacrampe
Docteur
Laboratoire Biopyrénées

Marc Laidet
Président
FHP Psychiatrie

Ingrid Lamri
Directrice du cabinet
du directeur général adjoint
Engie

Véronique Langlois
Cofondatrice
FreeThinking

Serge Lasvignes
Président
Centre national d'art et de culture
Georges Pompidou

Frédéric Latrobe
Associé
Tilder

Audrey Le-Bars
Directrice de projet
Territoire d'industrie
de Lacq-Pau-Tarbes

Jean-Yves Le Gall
Président
Centre national d'études spatiales
(CNES)

Ludovic Le Moan
Cofondateur
Sigfox

Fabrice Le Saché
Fondateur
Aera Group

Philippe Lemoine
Président
Fondation Internet Nouvelle
Génération (FING)

Philippe Lentschener
Président
Publicis France

Matthias Leridon
Président-fondateur
Tilder

Enrico Letta
Doyen
École des affaires internationales
de Sciences Po

Aude Letty
Directrice Innovation Santé Groupe
Korian

Chen Lifang
Corporate Senior Vice-President
and Director of the Board
Huawei

Jean-Hervé Lorenzi
Président
Le Cercle des économistes

Pascal Lorne
Fondateur
Gojob

Antoine Loron
Cofondateur
Hublo

Marina Maestrutti
Maîtresse de conférences en sociologie
Université Paris 1 Panthéon-Sorbonne

Christine Maffli
Fondatrice
Venera Creation

Thierry Malandain
Chorégraphe et directeur
Centre Chorégraphique National
Malandain Ballet Biarritz

Angèle Malâtre-Lansac
Directrice déléguée à la Santé
Institut Montaigne

Pierre-Alain de Malleray
Directeur général
Santiane

Moussa Mara
Premier ministre du Mali

Emma Marcegaglia
Présidente
Eni

Stéphane Mariaccia
Animatrice
KOMedia

Sandrine Martinet
Championne paralympique de judo

Philippe Mas
Fondateur
Modularche

Michel Mathieu
Directeur général
LCL

Olivier Mathiot
Directeur général
2050

Muriel Mayette-Holtz
Directrice
Théâtre National de Nice

Dominique Méda
Directrice
Irisso

Julien Mendez
Directeur Général
Institut Supérieur Maria Montessori

Bruno Mettling
Président
Orange Middle East and Africa

Marc Mézard
Directeur
École normale supérieure – PSL

Sacha Michaud
Cofondateur
Glovo

Christian Miele
Président
German Startups Association

Valéry Miéral
Président
Volailles Miéral

Éric Mignot
Cofondateur
+Simple

Fatiha Mlati
Directrice de l'intégration
France terre d'asile

Jean-Paul Mochet
Directeur général
Franprix

Dominique Mockly
Président et Directeur Général
Teréga

Grégory Mollet-Viéville
et Romain Rainaut
Créateurs
Conqueryourday

François De Montaudouin
Advisor
Ayming Institute

Filippo Monteleone
Directeur général délégué
Ramsay Santé

Aurélie Motta-Rivey
Vice-présidente
Association française pour les Nations Unies (AFNU)

Antoine Motte
Président
Constructions-3D

Patricia Moulin Lemoine
Présidente du Conseil de Surveillance
Groupe Galeries Lafayette

Peggy Munich
Fondatrice
Femmes Chefs d'Entreprises (FCE) Landes

Claude Nahon
Directrice Environnement
Développement Durable
EDF

Séverin Naudet
Directeur général mondial
Socialyse

Olivier Nicolas
Membre du Comité exécutif
LCL

Céline Orjubin
Cofondatrice
My Little Paris

Kevin Ortega
Fondateur
Coiff in the street

Haïba Ouaissi
Cofondateur
LexDev

Amélie Oudéa-Castéra
Directrice marketing et digital
Groupe AXA

Rachid Ouramdane
Codirecteur
Centre chorégraphique national de Grenoble

Ali Parsa
Fondateur
Babylon

Michel Paulin
Directeur général
OVHcloud

Guillaume Pepy
Président
Initiative France

Emmanuel Petiot
Directeur général
Deinove

Nicolas Petrovic
Président France et Belgique
Siemens

Céline Peudenier
Membre du Directoire
Groupe SOS

Fabien Piazzon
Associé Qualité de vie au travail
Ayming

Alain Picard
Directeur général
SNCF Logistics

François Pignol
Directeur Grands comptes Luxe
Google Paris

Laurie Pilo
Directrice générale BeNeLux
Ayming

Dominique Pitoiset
Directeur Général et Artistique
Opéra de Dijon

Thomas Plantenga
Directeur général
Vinted

Éléna Poincet
Cofondatrice
TEHTRIS

Olivier Poivre d'Arvor
Ambassadeur de France en Tunisie

Célia Poncelin
Fondatrice
Lunetist

Marie-Alice Thierry-Portmann
Directrice des ressources humaines
Ayming

Philippe Pouletty
Cofondateur
Truffle Capital

Cyril Quenet
Cofondateur
Label Famille

Pierre Rabhi
Créateur
Colibris

Jonas Ramuz
Cofondateur
Quai 36

Laure de La Raudière
Présidente
Autorité de régulation des
communications électroniques,
des postes et de la distribution
de la presse (Arcep)

Raymond Redding
Directeur général du courrier
Groupe La Poste

Florian Reinaud
Cofondateur
Concilio

Helmut Reisinger
Directeur général
Orange Business Services

Hugues Renson
Vice-président
Assemblée nationale

Sandra Rey
Fondatrice
Glowee

Stéphane Richard
Président - Directeur Général
Orange

Anne Rigail
Directrice générale
Air France

Rémy Rioux
Directeur général
Agence française de développement

Gaël Riva
Organisateur
Drive Repas solidarité de la Loubière

Robin Rivaton
Directeur général
Agence d'attractivité et d'innovation
de la région Île-de-France

Lucie-Éléonore Riveron
Cofondatrice
Fauve Paris

Patrick Ropert
Directeur général
SNCF Gares & Connexions

Père Matthieu Rougé
Docteur en théologie

Nicolas Rousselet
Président - Directeur Général
Groupe Rousselet

Gérard Saillant
Président de la commission médicale
Fédération Internationale
de l'Automobile (FIA)

Cédric Sanial
Agriculteur en Haute-Loire

Michel Sapin
Ministre des Finances
et des Comptes publics

Marie-Laure Sauty de Chalon
Présidente
Carat Interactive

Jacques-Olivier Schatz
Directeur des opérations
Wakam

Wolfgang Schäuble
Ministre fédéral des Finances

Olivier Schwartz
Directeur de l'unité Virus et Immunité
Institut Pasteur

Vincent Sciandra
Directeur général
METRON

Hervé Seck
Chef de projet
Diambars

Mouna Sepehri
Associée
Tilder

Olivier Sibony
Associé
McKinsey

Yannick Silva
Fondateur
Yanook

Victor Simon
Président
WorldSkills France Champions

Alvaro de Soto
Professeur
École d'affaires internationales
de Sciences Po

Martin Stephan
Directeur général adjoint
Carbios

Volkan Tanaci
Fondateur
CityBzz

Aurélie Thévenet
Fondatrice
Linestie

Jean Todt
Président
Fédération internationale
de l'Automobile
(FIA)

Albert Toikeusse Mabri
Ministre des Affaires étrangères
République de Côte d'Ivoire

Camille Thomas
Violoncelliste

Vincent Tomasetig
Président
Maker Béarn

Michaël Trabbia
Directeur de la technologie
et de l'innovation
Orange

Marie Trellu-Kane
Présidente
Unis-Cité

Cécile Verdier
Présidente
Christie's France

Agnès Verdier-Molinié
Directrice
Fondation iFRAP

Augustin Verlinde
Cofondateur
Frizbiz

Gilles Vermot Desroches
Directeur du développement durable
Schneider Electric

Daniel Vervloet
Président
Fédération française d'allergologie
(FFA)

Martin Vial
Directeur général
Europ Assistance

Frédéric Vincent
Président du Conseil d'administration
Nexans

Benoît Voituriez
Directeur administratif et financier
Ballet Preljocaj

Jean-Pierre Wiedmer
Président
HSBC Assurances

Antoine De Wilde
Président
La French Run

Pascale Witz
Fondatrice
PWH Advisors

Minggang Zhang
Directeur Général Adjoint
Huawei France

Camille Zonca
Cofondatrice
Label Famille

DEBATS PUBLICS

Retrouvez-nous sur
le site Internet de Débats Publics

www.debatspublics.com

II/II

Débats Publics s’engage dans une démarche
de développement durable par respect pour ses lecteurs
et pour l’environnement.

La conception, la composition et l’impression de ce livre
ont été réalisées en France.

Conception graphique
A noir, www.anoir.fr

Composition et mise en page
Nord Compo

Impression
Normandie Roto s.a.s. (2301139)

Première édition en mai 2023

Cet ouvrage est également disponible au format eBook.

L’imprimerie Normandie Roto SAS est labellisée Imprim’Vert®,
et la couverture ainsi que le papier intérieur de l’ouvrage sont issus de
forêts certifiées PEFC.

PEFC 10-31-2541
Certifié PEFC
Ce produit est issu de forêts gérées durablement et de sources contrôlées
www.pefc-france.org

ISBN : 978-2-37509-735-9

Achevé d’imprimer en mars 2023

Dépôt légal : mai 2023